## 物理量の単位

- 力：$\overset{\text{ニュートン}}{\text{N}} = \text{kg m/s}^2 \quad (= 10^5 \text{ g cm/s}^2 = 10^5 \text{ dyn})$
- 圧力：$\overset{\text{パスカル}}{\text{Pa}} = \text{N/m}^2 = \text{kg/(m s}^2) \quad (= 10 \text{ g/(cm s}^2) = 10 \text{ dyn/cm}^2)$
- 仕事，エネルギー，熱量：$\overset{\text{ジュール}}{\text{J}} = \text{N m} = \text{kg m}^2/\text{s}^2$
$(= 10^7 \text{ g cm}^2/\text{s}^2 = 10^7 \text{ erg})$
- 熱容量，エントロピー：$\overset{\text{ジュール毎ケルヴィン}}{\text{J/K}} \quad (= 10^7 \text{ erg/K})$
- 比熱：$\text{J/(kg K)} = 10^{-3} \text{ J/(g K)}$
$(= 10^4 \text{ erg/(g K)})$   モル比熱：$\text{J/(mol K)}$

## 基本的な定数

- ボルツマン定数：$k_B = 1.381 \times 10^{-23} \text{ J/K}$
- アヴォガドロ定数：$N_A = 6.022 \times 10^{23} \text{ /mol}$
- 熱量の単位：$1 \text{ cal} = 4.186 \text{ J}$
- 気体定数：$R = N_A k_B = 8.314 \text{ J/(K mol)}$

## 数学公式

- 全微分と偏微分

$$df = \left(\frac{\partial f}{\partial x}\right)_y dx + \left(\frac{\partial f}{\partial y}\right)_x dy$$

- テイラー展開

$$f(x+\Delta x, y+\Delta y) = f(x,y) + \left(\frac{\partial f}{\partial x}\right)\Delta x + \left(\frac{\partial f}{\partial y}\right)\Delta y$$
$$+ \frac{1}{2}\left[\left(\frac{\partial^2 f}{\partial x^2}\right)(\Delta x)^2 + 2\left(\frac{\partial^2 f}{\partial x \partial y}\right)\Delta x \Delta y + \left(\frac{\partial^2 f}{\partial y^2}\right)(\Delta y)^2\right] + \ldots$$

- ヤコビの行列式（ヤコビアン：Jacobian）など

$$\frac{\partial(u,y)}{\partial(x,y)} = \left(\frac{\partial u}{\partial x}\right)_y, \qquad \frac{\partial(v,u)}{\partial(x,y)} = -\frac{\partial(u,v)}{\partial(x,y)},$$
$$\frac{\partial(u,v)}{\partial(x,y)} = \frac{\partial(u,v)}{\partial(s,t)}\frac{\partial(s,t)}{\partial(x,y)}, \qquad \frac{\partial(x,y)}{\partial(u,v)} = \left(\frac{\partial(u,v)}{\partial(x,y)}\right)^{-1},$$
$$\frac{d}{ds}\frac{\partial(u,v)}{\partial(x,y)} = \frac{\partial\left(\frac{du}{ds},v\right)}{\partial(x,y)} + \frac{\partial\left(u,\frac{dv}{ds}\right)}{\partial(x,y)}, \qquad \left(\frac{\partial x}{\partial y}\right)_z = -\frac{\left(\frac{\partial z}{\partial y}\right)_x}{\left(\frac{\partial z}{\partial x}\right)_y}.$$

高校で物理を履修しなかった人のための
# 熱力学

上羽牧夫 [著]

# まえがき

　熱力学は身近なものが対象であるにもかかわらず考え方が抽象的なため敬遠されがちだが，いったん身に着ければ手軽に使えて役に立つものなので勉強しないのはもったいない．また熱力学が分からないまま放っておくと物理の理解に欠陥を残し，あとで後悔することになるだろう．そうならないように，本書では，物理的意味の理解を深めるための問題と有用性が実感できる問題を厳選して解説した．

## 《 本書の特徴 》

- 高校で物理を学習していない人のために，第1章に熱現象に関する高校初級レベルの説明と問題を付け，大学の熱力学とのつなぎとなる数学の説明および分子運動から気体を理解することを第2章の内容とした．ここをていねいに勉強すれば，熱現象に限っては高校で物理をとらなかったというハンディは無くなるはずだ[1]．
- 大学の力学と数学（といっても微分積分とわずかの線形代数だけ）は学習していることを前提としたので，レベルを下げてはいない．最後の到達目標は，熱力学の深い理解を得て，実用的に使いこなせるという高いところに置いている．
- 問題数は多くないが，すべての問題に詳しい解答を付け，それを熟読することによって熱力学の理解が深まるように解説した．ただし，はじめから解答を読んでは身に付かない．当然ながら，まずは自分で挑戦し，考え抜いてから答えを読むことが大切だ．
- 熱力学の関係式の導出などでは，問題集の解答を見てもどうして思いつくのか見通しのつかないものがある．これらには，いろいろな熱力学関数，マクスウェルの関係式などを学ぶと機械的にできてしまうものも多い．そのような問題は後ろの章に配置することになった．熱力学の有用

---

[1] 微積分と高校の熱力学をマスターしている人は第3章から始めてもよい．

性に感動するのは後ろの章の問題をやるときである．問題数は少なく抑えてあるので，途中までで良しとするのではなく，最後までやりきってほしい．

---

本書の執筆にあたっては，監修者の須藤彰三先生に構成から細部まで貴重な御意見を頂戴した．おかげで，ずっとわかりやすい本に仕上がったと思う．深く感謝申し上げる．

それでは実力をつけるための最良の問題を出そう[2]：
　　　　本書の誤りを見つけ，訂正せよ．

2016 年 7 月　　　　　　　　　　　　　　　　　　　　　　　　上羽牧夫

---

[2] 解答は電子メールで uwaha@nagoya-u.jp まで．

# 目 次

まえがき . . . . . . . . . . . . . . . . . . . . . . . . . . . . . . . . . . . . . . . . . . . . . iii

## 1 高校の熱力学　1
例題 1【比熱の測定と熱量の保存】. . . . . . . . . . . . . . . . . . . . . 12
例題 2【水の三態】. . . . . . . . . . . . . . . . . . . . . . . . . . . . . . . . . . . 14
例題 3【ボイル-シャルルの法則】. . . . . . . . . . . . . . . . . . . . . . . . 17
例題 4【理想気体と熱力学の第 1 法則】. . . . . . . . . . . . . . . . . . 19

## 2 大学の熱力学へ -微分積分，理想気体-　21
例題 5【積分可能条件】. . . . . . . . . . . . . . . . . . . . . . . . . . . . . . . . 31
例題 6【高度による気圧の変化】. . . . . . . . . . . . . . . . . . . . . . . . 33
例題 7【理想気体の分子描像】. . . . . . . . . . . . . . . . . . . . . . . . . . 36

## 3 平衡状態と温度　40
例題 8【シリンダー中の気体に対するいろいろな操作】. . . . . 46
例題 9【理想気体の準静的断熱変化】. . . . . . . . . . . . . . . . . . . . 48

## 4 熱力学の法則　50
例題 10【状態変化の経路による仕事や吸熱量の差異】. . . . . . 57
例題 11【理想気体のカルノーサイクル】. . . . . . . . . . . . . . . . . 60
例題 12【いろいろなカルノー機関（カルノーサイクル）の効率】. . 63

## 5 エントロピー　65
例題 13【理想気体のエントロピー】. . . . . . . . . . . . . . . . . . . . . 71
例題 14【エントロピーの数値】. . . . . . . . . . . . . . . . . . . . . . . . . 73
例題 15【混合エントロピー】. . . . . . . . . . . . . . . . . . . . . . . . . . . 75

|     | 例題 16【黒体輻射のカルノーサイクル】 . . . . . . . . . . . . . . . . . 77 |
| --- | --- |
| **6** | **いろいろな熱力学ポテンシャル** 　　　　　　　　　　　　　　　　**81** |
|     | 例題 17【エンタルピーの意味】 . . . . . . . . . . . . . . . . . . . . . . 89 |
|     | 例題 18【理想気体での最大仕事】 . . . . . . . . . . . . . . . . . . . . . 92 |
|     | 例題 19【定積熱容量と定圧熱容量】 . . . . . . . . . . . . . . . . . . . . 94 |
|     | 例題 20【等温圧縮率と断熱圧縮率】 . . . . . . . . . . . . . . . . . . . . 96 |
|     | 例題 21【ファンデルワールスの状態方程式】 . . . . . . . . . . . . . . . 98 |
|     | 例題 22【ジュール-トムソン効果】 . . . . . . . . . . . . . . . . . . . . . 100 |
|     | 例題 23【理想的なゴム】 . . . . . . . . . . . . . . . . . . . . . . . . . . 102 |
| **7** | **化学ポテンシャルと相平衡** 　　　　　　　　　　　　　　　　　　**104** |
|     | 例題 24【熱力学的安定性と熱容量，圧縮率】 . . . . . . . . . . . . . . . 109 |
|     | 例題 25【気体-液体の相転移】 . . . . . . . . . . . . . . . . . . . . . . . 110 |
|     | 例題 26【2 相共存と自由エネルギー】 . . . . . . . . . . . . . . . . . . . 113 |
|     | 例題 27【黒体輻射の熱力学諸量】 . . . . . . . . . . . . . . . . . . . . . 116 |
| **8** | **複数の成分からなる系** 　　　　　　　　　　　　　　　　　　　　**118** |
|     | 例題 28【不揮発性用溶質による飽和蒸気圧の降下】 . . . . . . . . . . . . 123 |
|     | 例題 29【混合物の化学ポテンシャルとギブス自由エネルギー】 . . . 125 |
|     | 例題 30【理想気体混合物としてのプラズマ】 . . . . . . . . . . . . . . . 126 |
| **A** | **付録　参考文献** 　　　　　　　　　　　　　　　　　　　　　　　　**129** |
| **B** | **発展問題の解答** 　　　　　　　　　　　　　　　　　　　　　　　　**131** |

重要度
★★★

# 1 高校の熱力学

――――《 内容のまとめ 》――――

　熱現象とは何か？　それは目に見えないミクロ（微視的）な原子や分子の不規則な運動が引き起こすマクロ（巨視的）な現象である．熱力学は熱現象の一般的な性質や関連を扱う．この章では身近ないくつかの熱現象を眺めて，熱量や温度，圧力といった量を理解し，高校の「物理基礎」程度の内容を学ぶことから熱力学の世界への入り口をくぐることにしよう．

[熱とは何か]

　20世紀の初頭，身の周りのものが原子や分子からできているという考えが，やっと確固たる事実として受け入れられた．1モル (mol)，数にするとアヴォガドロ定数 (Avogadro constant)$N_A$，つまり $6 \times 10^{23}$ 個ほどの分子が集まると，その分子量と同じグラム数の質量になる[1]．水 $H_2O$ ならば，(原子量16の酸素) + (原子量1の水素) × 2 で分子量18だから 1 mol で 18 g である．原子の半径は $3 \times 10^{-10}$ m 程度だから 18 g の水分子を一列に並べるとおよそ $2 \times 10^{14}$ m $= 2 \times 10^{11}$ km，太陽から最も遠い惑星，海王星までの50倍近い距離になる．このように少量の物質でも莫大な数の原子や分子からできている．

　常温の水分子は秒速 600 m ほどの速さで不規則な運動をしている．気体や液体の中では位置を変えて動き回り，静止している固体中でも分子は激しく振動している．これが熱 (heat) の正体であり，このランダム（不規則）な運動を熱運動と呼ぶ．熱運動を直接見ることは困難だが，原子や分子の衝突によっ

---

[1] もう少し正確には，アヴォガドロ定数は $N_A = 6.022 \times 10^{23}$ mol$^{-1}$．粒子数は無単位なのでこれにモル数 $\bar{n}$ mol をかけると分子数になる：$N = N_A \bar{n}$．本書では物理量を表す文字は斜体（イタリック）で，単位などは立体で表示する．

て小さな物体が動くのを顕微鏡で見ることが可能である．1 ミクロン (1 $\mu$m = $10^{-6}$ m) 程度の微粒子が水中で激しく不規則な運動をするのを観察することができ，この運動はブラウン運動 (Brownian motion)[2]と呼ばれる．温度が高いほどブラウン運動は激しくなる．それでは温度とは何だろうか？

[温度とは何か]

温度 (temperature) は熱い冷たいの程度を表す量である．日常使われるセウシウス (Celcius) 温度（セ氏温度，℃で表す）は氷が融ける温度を零度，水が完全に沸騰する温度を100度と決めたものだ[3]．ブラウン運動からも想像されるように，高い温度は分子の激しい運動を示す．実は，温度の変化は気体中の分子1個のもつ運動エネルギーの変化に正確に比例している．分子の運動エネルギーが最低になる温度は $-273$℃なので，この温度を原点（零度）とした温度目盛りが便利である．この温度目盛りが絶対温度であり，ケルヴィン (Kelvin) K で表す[4]．つまり，物体のセルシウス温度 $t$℃ と絶対温度 $T$ K の間の関係は

$$T = t + 273 \, [\text{K}] \tag{1.1}$$

である[5]．

[物質の三態]

水は温度の低いときは氷となり，温度を上げると蒸発して水蒸気となる．一般に物質は固体，液体，気体の3つの状態をとり，これを物質の三態という．このうちどの状態をとるかは，温度と圧力によって決まる（図1.1）．

固体 (solid) は原子スケールで見ると，原子や分子（場合によってはイオン）が規則正しく並んだ結晶 (crystal) である[6]．固体の中で原子はほとんどその位

---

[2] 1827年イギリスの植物学者 Robert Brown によって発見され，1905年にアインシュタインが分子運動との関連を明らかにした．

[3] この他に米国ではカ氏（ファーレンハイト (Fahrenheit) という人名の漢字表記に由来する）という単位がいまだに使われ「℉」と書かれる．こちらは，最も寒いときの温度を 0℉，体温を 100℉ としたとされているが定かではない．両者で表した温度の関係は $F = (9/5)C + 32$ である．

[4] 絶対温度を発見したイギリスのケルヴィン卿（本名 William Thomson）の名による．

[5] もう少し正確には $T = t + 273.15$．(1.1) では高校教科書にならい単位を [ ] で表示したが，国際標準の記法ではないので今後はなるべく使わない．

[6] 硬いのに結晶でないものとしてガラスがある．ガラスは液体をそのまま固めたようなものだ．

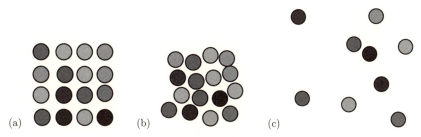
図 1.1: (a) 固体．(b) 液体．(c) 気体．

置を変えずに一定位置の周りで振動をしている．固体は変形しにくいのが特徴だ．

　圧力を変えずに温度を上げていくと固体は**融解** (melting) し，**液体** (liquid) になる．この温度を融解温度 (melting temperature) または**融点** (melting point) と呼ぶ[7]．液体の中では，分子はお互いに触れ合う距離にあって，絶え間なく乱れた運動をしている．液体は温度や圧力を変えても体積はあまり変わらず，自由に変形して流れることが特徴だ．

　さらに温度が上がると液体は**蒸発** (evaporation) し，**気体** (gas) になる．蒸発は低温の状態から起こっているが，浮き蓋をして圧力が変わらないようにしておくと**沸点** (boiling point) (**沸騰** (boiling) する温度) になるまで気体は現れない[8]．気体の中では，分子は大きな距離をあけて飛び回り衝突を繰り返している．気体は液体と同様に流れるが (流体と呼ぶ)，液体と違い，温度や圧力が変わると体積が大きく変化する．

　物質の三態のそれぞれを**相** (phase) と呼ぶ．水を例にとれば，氷，水，水蒸気が三態で，それぞれが固相，液相，気相である．気温が低いときに氷や雪が融けることなく消えていくことがあるが，固体と気体の直接の転換も可能で，**昇華** (sublimation) と呼ばれる．融解の反対の現象は**固化** (solidification)，凝固または**結晶化** (crystallization)，蒸発や昇華の反対の現象は凝縮，凝結 (ともに condensation) などとも呼ばれる．温度，圧力，体積などを変えたときにどの相が実現されるかを図示したものを**相図** (phase diagram) または (平衡)

---

　[7]液体の熱を抜き取って温度を下げていくときは加熱したときと逆の道をたどり，同じものを**凝固点** (freezing point) とも呼ぶ．
　[8]湯を沸かすときに低い温度で泡が出てくるのは水に溶けていた空気による．

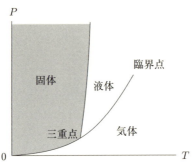

図 1.2: 温度 $T$ と圧力 $P$ の関数として描いた単純な物質の典型的な相図．固体，液体，気体が同時に存在できる温度，圧力は**三重点** (triple point) と呼ばれる．ある温度，圧力以上では液体と気体の区別はなくなり（第 7 章参照），この限界となる点を**臨界点** (critical point) と呼ぶ．

状態図と呼び，単純な物質では，図 1.2 の形が基本だ．

[熱の移動と熱平衡]

　加熱した金属を水に浸けると，時間がたつとともに金属が冷やされ，水温は上昇し，両方の温度が同じになって変化が止まる．これは金属中の高い熱運動のエネルギーが水分子のエネルギーに移り（一般に，エネルギーの高い分子と低い分子が接触するとエネルギーは後者に移る），両者のエネルギーのやり取りが平均的に無くなった状態に達したのである．このように熱は温度の高い物体から温度の低い物体に移っていく．熱の正体が原子や分子のランダムな運動であることから，高温物体が失ったエネルギーは低温物体が得たエネルギーと等しい．移動したエネルギー量を表すのが**熱量** (quantity of heat) で，単位はエネルギーと同じジュール $J = kg\,m^2/s^2$ である[9]．最後に落ち着いた状態は**熱平衡** (thermal equilibrium) と呼ばれる．熱平衡状態ではどの物体のどの部分をとっても温度が等しい．

　熱の移動の仕方には次の 3 種類が区別できる．

**熱伝導** (heat conduction) 同一または接触した物質中の分子の間で熱運動のエネルギーが高いものから低いものへ受け渡されていく過程．遠くに伝

---

[9] 熱量の単位としてはカロリー (cal) も使われる．これは水 1 g の温度を 1℃ 上げるのに必要なエネルギーで，1 cal = 4.19 J の関係にある．

**対 流** (convection) 多くの流体では温度が上がると膨張し，密度が下がるので，軽くなって上昇する．これによって下にある高温物質が上に運ばれる．湯を沸かすにはヤカンの下を加熱すればよいというように，重力下で熱を下から上に運ぶのに有効である．

**放射（輻射）** (radiation) 温度の高い物体は光を放つ．常温の物体でも赤外線などの眼に見えない光を放っている．この光が遠方まで一気に熱エネルギーを運ぶ．地球は太陽からの放射熱で暖められている．

[熱容量と比熱]

 等量の 80℃ の湯と 20℃ の水を混ぜると平均温度の 50℃ になるが，金属と水では質量が同じでも体積が同じでもこうはならない．物質を温めるのに必要な熱量は物質の種類によって違っている．ある物体の温度を 1 K 上昇させるのに必要な熱量 $C$ を，その物体の**熱容量** (heat capacity) と呼ぶ．つまり物体の温度を $\Delta T$ だけ上昇させるのに必要な熱量 $\Delta Q$ は

$$\Delta Q = C\Delta T \tag{1.2}$$

で，熱容量 $C (= \Delta Q/\Delta T)$ の単位は J/K (ジュール毎ケルヴィン) である．$\Delta Q$ は物質の量に比例するから，物質の特性を表す量としては，その物質 1 g の温度を $\Delta T$ だけ上昇させるのに必要な熱量 $c$ を使うのがよい．$c$ は**比熱** (specific heat) と呼ばれ，質量 $m$ g の物質では

$$C = cm \tag{1.3}$$

であり，比熱 $c (= \Delta Q/(m\Delta T)$ の単位は J/(g·K) (ジュール毎グラム毎ケルヴィン) である[10]．1 mol あたりの熱容量を使うこともあり，これはモル比熱と呼ばれ，単位は J/(mol·K) (ジュール毎モル毎ケルヴィン) である．

[潜熱：隠された熱容量]

 固体を加熱していくと温度は比熱で決まる一定の割合で上昇し，融点で融解が始まるが，融解が進行している間は温度は変化しない．融解中に注ぎ込ま

---

[10] 国際単位系では質量単位は kg なのだが，高校の教科書を見ると，比熱に関しては何故か 1 g あたりの熱容量が使われている．読み方の「毎」は英語なら「per」．

物質の比熱（常温）

| 状態 | 物質 | 比熱 J/(g·K) |
| --- | --- | --- |
| 固体（結晶） | 氷 (−2.1℃) | 2.10 |
| | アルミニウム | 0.88 |
| | 鉄 | 0.45 |
| | コンクリート | 約 0.8 |
| | 板ガラス | 約 0.84 |
| 液体（純物質） | 水 | 4.18 |
| | エタノール | 2.42 |
| （溶液） | 海水 | 3.93 |
| 気体（純物質） | 水蒸気 (1 気圧, 100℃) | 2.05 |
| | 酸素 (1 気圧, 16℃) | 0.92 |
| | 水素 (1 気圧, 0℃) | 14.2 |
| （混合物） | 空気 (1 気圧, 100℃) | 1.01 |

れた熱量は**融解熱** (heat of melting) と呼ばれる[11]．液体が気体に変わるときも同様に沸点で液体がすべて気体になるまで温度は変化しない．このとき必要な熱量を**蒸発熱** (heat of evaporation) または**気化熱** (heat of vaporization) と呼ぶ．これら同じ温度での物質の状態変化（相変化）を起こすのに必要な熱量（つまりエネルギー）は一般に**潜熱** (latent heat) と呼ばれる．潜熱はふつう1グラムあたり，あるいは1モルあたりのエネルギーで表され，単位は J/g（ジュール毎グラム）または J/mol（ジュール毎モル）である．

[ボイルの法則]

　容器に流体（液体，気体）を入れると，分子が壁に次々と衝突することによって常に壁に垂直な方向に力が働く．流体が流れていなければ，容器のどの位置でも働く力は壁に垂直で単位面積あたりの大きさは等しい[12]．壁を押す単位面積あたりの力の大きさを**圧力** (pressure) という．面積を $A\,\mathrm{m}^2$，力の大きさを $F\,\mathrm{N}$（ニュートン）$(=\mathrm{kg\,m/s^2})$ とすると

$$P = \frac{F}{A} \tag{1.4}$$

---

[11] 凝固熱 (heat of freezing) とも呼ぶ

[12] これをパスカルの原理という．重力の効果を考えると容器の上部と下部では下部の方が圧力は大きいが，気体ではこの効果は小さいので多くの場合に無視できる．

が圧力で，単位はパスカル Pa = N/m² = kg/(m s²) である[13].

気体については圧力と体積の間に簡単な関係がある．一定の温度で一定量の気体の体積 $V$ を半分にしたとしよう．気体の分子数密度（単位体積あたりの分子数）は 2 倍になるから壁への衝突頻度が 2 倍になり，同じ面積の壁にかかる力，つまり気体の圧力 $P$ も 2 倍になるだろう．体積が 1/3 になれば，圧力は 3 倍になる．このことを一般化して式で書けば

$$PV = 一定 \tag{1.5}$$

という関係が成り立つ．これをボイルの法則と呼ぶ[14].

[シャルルの法則]

圧力一定の条件で温度を上げると分子運動が激しくなって気体は膨張し，体積 $V$ の温度変化は絶対温度 $T$ に比例する[15]．式で書けば

$$\frac{V}{T} = 一定 \tag{1.6}$$

である[16]．この関係をシャルルの法則と呼ぶ[17].

温度一定のときに成り立つボイルの法則と圧力一定のときに成り立つシャルルの法則は，1 つの式

$$\frac{PV}{T} = 一定 \tag{1.7}$$

で表すことができる．これをボイル-シャルルの法則と呼ぶ．

[理想気体]

高圧や低温になり気体の体積が小さくなってくると，現実の気体（実在気体）はボイルの法則やシャルルの法則からだんだんと外れてくる．分子が混み

---

[13]「人間は考える葦である」という言葉で有名なフランスの哲学者 Blaise Pascal に由来する．圧力の単位には気圧 (atmosphere)atm も使われる．1 atm = 1.013 × 10⁵ Pa = 1013 hPa（ヘクトパスカル）である．

[14] 1662 年にイギリスの Robert Boyle が発見した．

[15] 温度の正体がよくわからない頃から気体の体積変化を調べて温度を測っていたので，昔の絶対温度の定義と言ってもよい．

[16] 温度を絶対温度 $T$ K ではなく，セ氏 $t$ ℃ で表せば $V/(t + 273) = 一定$ となる．あるいは 0℃ のときの体積 $V_0$ を使って $V = V_0(1 + (t/273))$ とも書ける．

[17] 1787 年にフランスの Jacques Charles によって発見され，1802 年にドイツの Joseph Gay-Lussac が定式化して発表した．

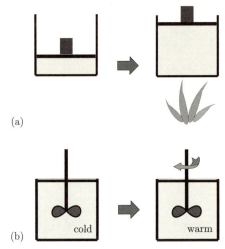

図 1.3: (a) 熱を仕事に：気体を加熱すると膨張して，ピストンに乗った重りが上がる．(b) 仕事を熱に：液体を激しくかき混ぜると温度が上がる．

合うと分子の大きさが無視できなくなるからで，いずれ気体は液体に変わるのである．ここで，ボイルの法則やシャルルの法則が正確に成り立つ気体を考え，これを**理想気体** (ideal gas) と呼ぶ．分子の運動は，位置の移動である並進運動と分子の回転（自転）を含む内部運動に分けられる．両者は独立で[18]，内部運動の激しさは温度だけで決まると考えられる．理想気体では分子間の相互作用[19]を無視しているので，並進運動のエネルギーが分子間距離の影響を受け無くなり，容器の体積には関係しなくなる．この結果，理想気体のエネルギーは体積によらず温度だけで決まってしまう．現実の気体は，希薄ならば[20]，理想気体とみなしてよい．

[力と熱による物質の変化]

気体の例で明らかになったように，物体の体積を小さくすれば圧力は上昇し，物体に熱を加えれば温度が上がる．前者は力学的な効果であり，後者は熱的な効果である．両者が交差する，温度を変えたら体積が変わるという**熱膨張**

---

[18]関係がないことを物理では「独立」と表現する．
[19]分子同士が力を及ぼしあっていることを「相互作用」と呼ぶ．
[20]分子間の平均距離が分子半径よりはるかに大きければ．

(thermal expansion) という現象がある．温度を $\Delta T$ 上げたときに体積が $\Delta V$ 変化したとすると，その変化の割合

$$\alpha = \frac{1}{V}\frac{\Delta V}{\Delta T} \tag{1.8}$$

を熱膨張係数と呼ぶ[21]．理想気体では体積と温度が比例しているので，熱膨張係数は体積に反比例する[22]．

[熱力学の第 1 法則]

　静止した物体は力学的な運動エネルギーはもたないが，内部の分子は熱運動の運動エネルギーをもっている．また分子同士が相互作用をしている（お互いに力を及ぼしあっている）ので，その力のポテンシャルエネルギーなどのエネルギーももっている．静止した物体のもつこれらの隠れたエネルギーをすべて含めて**内部エネルギー** (internal energy) と呼ぶ．すべての種類[23]を含めればエネルギーの総量は常に一定であることがわかっている（エネルギー保存の法則）．

　図 1.3(a) のようにシリンダーの中に入った気体を加熱すれば，気体は膨張し，重りの乗ったピストンを持ち上げるので，気体は外部に対して仕事をする．加熱によって気体に加えられた熱量を $Q$，気体に外部から加えられた仕事を $W$ としよう．気体が $F$ の力で断面積 $A$ のピストンを $\Delta x$ だけ押し上げたとすると，気体がした仕事は $F\Delta x = PA\Delta x = P\Delta V$ である（ここで $\Delta V$ は気体の体積変化）．これは気体がした仕事だから外部から加えられた仕事は，これとは符号が逆で

$$W = -F\Delta x = -PA\Delta x = -P\Delta V. \tag{1.9}$$

加熱前の内部エネルギーを $E_1$，加熱後の内部エネルギーを $E_2$ とすると[24]，内部エネルギーの変化は，目に見えない熱として加えられたミクロなエネ

---

[21]体積で割って定義してあるのは，単位体積あたりの量にするためである．こうしないと物体の大きさによって変わってしまい物質固有の量とならない．
[22]0〜4℃ の間の水のように $\alpha$ は負になることもある．
[23]力学的なエネルギーのほかに電気や磁気のエネルギー，化学エネルギー，核エネルギーなどがある．
[24]内部エネルギーについては $U$ で表記する本も多い．本書ではミクロには通常のエネルギーに他ならないことを強調する意味で $E$ で表すことにする．

ギー $Q$ と目に見える仕事として加えられたマクロなエネルギー $W$ の和である．つまり

$$\Delta E = E_2 - E_1 = Q + W \tag{1.10}$$

と書ける[25]．この関係は，エネルギー保存の法則に他ならないが，**熱力学の第1法則** (the first law of thermodynamics) と呼ぶ．

[気体のいろいろな変化]

図 1.3(a) では，容器中の気体の上に乗っているものが変わらないので圧力は一定である．このような状態変化を**定圧変化** (isobaric change) と呼ぶ．

ここで，もしピストンを固定すれば，体積が変わらないから**定積変化** (isochoric change) と呼ぶ．この場合，加熱をしても外部に対する仕事はしないから，加えられた熱量 $Q$ はそのまま気体の内部エネルギーの変化になる：

$$\Delta E = Q. \tag{1.11}$$

容器を恒温槽（温度を一定に保つ装置）に入れて，気体の温度を一定に保ったままピストンを動かして気体の状態を変えるような変化は**等温変化** (isothermal change) と呼ぶ．もし気体が理想気体であれば，内部エネルギーは温度にしかよらないから

$$Q + W = 0 \tag{1.12}$$

の関係が成り立つ[26]．

容器を熱を通さない物質で作れば，熱の出入りはないので $Q = 0$ であり

$$\Delta E = W \tag{1.13}$$

となって，外部からした仕事はすべて内部エネルギーの変化になる．このような変化を**断熱変化** (adiabatic change) と呼ぶ．

---

[25]教科書には $W$ を気体が外部に対してした仕事と定義し，$Q = \Delta E + W$ の形に書いているものもある．外から加えられた熱量 $Q$ が内部エネルギーの上昇と外部への仕事に使われた，と解釈するのである．本書では，熱も仕事も外部から加わった量で定義している．
[26]これはあくまでも分子同士の相互作用が無視できると考えた理想気体についてだけ成り立つ関係であることを注意しておこう．

[熱と仕事の転換]

　図 1.3(a) では，熱が仕事に転換されているが，その逆も可能である．図 1.3(b) では，羽根車を回して水をかき混ぜることによって（力を加えて水を押し動かして）仕事をし，流れがおさまって水流の運動エネルギーが水の分子運動に変わると，結果的に水温が上昇する．ジュールは重りを重力中で落下させて羽根車を回す動力源とし，撹拌（かくはん）による温度の上昇を測定して，**熱と仕事が等価**であることを定量的に示した[27]．ジュールの実験では，水をかき混ぜると最終的には水の流れは止まり，力学的な仕事は全部が熱に変わる．目に見えていた流体の運動エネルギーがすべて目に見えない熱エネルギーに変わったのである．図 1.3(a) の加熱による気体の膨張では，ミクロな熱運動の一部だけがマクロな運動（仕事）に転化しているが，どれだけの割合での熱から仕事への転換が可能なのだろうか？　この答えは第 4 章で学ぶが，熱を 100 パーセント仕事に変えることは不可能で，必ず利用されずに捨てられる熱がある．

[不可逆変化]

　温度の高い物体と低い物体を接触させると，熱は前者から後者に流れてだんだんと同じ温度になるが，ある温度の物体がひとりでに高温部分と低温部分に分かれることはない．床の上を運動する物体は摩擦によって停止し，摩擦熱によって接触面の温度が上がる．しかし止まっている物体が周りから熱を集めてひとりでに動き出すことはない．コップの水にたらした一滴のインクはだんだんと広がっていくが，水の中に広がったインクが集まってくることはない．このようにひとりでに逆に進むことのない変化は**不可逆変化** (irreversible change) と呼ばれる．このような一方通行の変化が起きることが熱現象の特徴である．

---

[27] イギリスの James Joule の 1847 年の実験．4.2 J の仕事が水 1 g の温度を 1℃ 上昇させることを見出した（まだ J という単位はなかったが）．ジュールは電流による発熱の法則（ジュールの法則）も発見した．

## 例題 1　比熱の測定と熱量の保存

　熱量計は断熱容器の中に銅製容器があり，そこに水，温度計，銅製撹拌棒が入っている．銅製容器と撹拌棒を合わせて 120 g あり，水は 160 g である．それらの温度ははじめに 22.0℃ であった．そこに沸騰中の熱湯に入れておいた質量 100 g の金属球をいれ，撹拌，静置したところ温度が 30.5℃ で一定になった．この金属の比熱 $c$ を求めよ．ただし，銅の比熱は 0.38 J/g，水の比熱は 4.2 J/g で温度計の熱容量は無視してよい．

### 考え方

　断熱容器中で放置すれば中のものは熱平衡に達し，すべての温度が等しくなる．またその過程で仕事をしていないから，容器内の熱量が保存される．

### ‖解答‖

　銅製容器と撹拌棒を合わせた熱容量は

$$C^{\text{Cu}} = 0.38 \,\text{J/(g K)} \times 120\,\text{g} = 45.6\,\text{J/K}.$$

水の熱容量は

$$C^{\text{H}_2\text{O}} = 4.2\,\text{J/(g K)} \times 160\,\text{g} = 672\,\text{J/K}.$$

両者が得た熱量 $(C^{\text{H}_2\text{O}} + C^{\text{Cu}})\Delta T_1$ は金属球が失った熱量 $cm\Delta T_2$ に等しい

$$(672 + 45.6)\,\text{J/K} \times (30.5 - 22.0)\,\text{K}$$
$$= c\,\text{J/(g K)} \times 100\,\text{g} \times (100 - 30.5)\,\text{K}.$$

これから金属球の比熱 $c = 0.88\,\text{J/(g K)}$ が得られる．

### ワンポイント解説

・$C = cm$

→ 少々面倒でもすべてに単位をつけると計算の辻褄が合っているかどうかのチェックになる．

→ 比熱の値からアルミニウムであることがわかる

### 例題 1 の発展問題

**1-1.** 例題と同じ熱量計で質量 150 g の銀球（比熱 $c^{\mathrm{Ag}} = 0.24\,\mathrm{J/(g\,K)}$）を使って同様の測定をすると温度は何度で一定になるだろうか？

**1-2.** 金，銀，銅，アルミニウムの比熱はそれぞれ，$c^{\mathrm{Au}} = 0.129\,\mathrm{J/(g\,K)}$，$c^{\mathrm{Ag}} = 0.236\,\mathrm{J/(g\,K)}$，$c^{\mathrm{Cu}} = 0.385\,\mathrm{J/(g\,K)}$，$c^{\mathrm{Al}} = 0.90\,\mathrm{J/(g\,K)}$ である．モル比熱に換算せよ．ただし，それぞれの原子量は金 197，銀 108，銅 63.6，アルミニウム 27.0 である．モル比熱の数値からどんなことがわかるか．

## 例題 2　水の三態

図 1.4 は零下 50 度の氷 10 g を 1 気圧で 10 ワット [W = J/s] のヒーターで加熱し続けたときの温度変化のグラフである（これは図 1.2 では水平方向への変化）．ヒーター以外に外部との熱の出入りはないとして，氷，水，水蒸気の定圧比熱[28] $c_P$ と融解熱 $l_\mathrm{m}$，蒸発熱 $l_\mathrm{v}$ を求めよ．

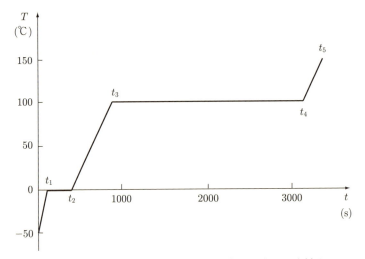

図 1.4: 温度の時間変化．グラフが折れ曲がる点での時刻は，$t_1 = 105$ s, $t_2 = 439$ s, $t_3 = 859$ s, $t_4 = 3115$ s, $t_5 = 3220$ s.

## 考え方

1 g に加えられた熱量 $Q$ は 1 秒間に 1 J ずつ．温度上昇の速さからそれぞれの状態での定圧比熱が，温度が変化しない期間に加えられた熱の総量から潜熱が計算できる．

---

[28] 圧力一定の条件での比熱をこう呼ぶ．

## 解答

最初の氷の温度上昇の速さから氷の比熱は

$$c_P^{氷} = \frac{\Delta Q}{\Delta t}\frac{\Delta t}{\Delta T}$$
$$= \frac{1\,\text{J/g}}{1\,\text{s}}\frac{105\,\text{s}}{[0-(-50)]\,\text{K}} = 2.1\,\text{J/(g K)}.$$

最初の水平部分で加えられた熱量（エネルギー）から融解熱は

$$l_\text{m} = \dot{Q}\Delta t$$
$$= 1\,\text{J/(g s)} \times (439-105)\,\text{s} = 334\,\text{J/g}.$$

次の温度上昇の速さから水の比熱は

$$c_P^{水} = \dot{Q}\frac{\Delta t}{\Delta T}$$
$$= 1\,\text{J/g}\frac{(859-439)1\,\text{s}}{(100-0)1\,\text{K}} = 4.2\,\text{J/(g K)}.$$

2番目の水平部分で加えられたエネルギーから蒸発熱は

$$l_\text{v} = \dot{Q}\Delta t$$
$$= 1\,\text{J/(g s)} \times (3115-859)\,\text{s} = 2256\,\text{J/g}.$$

最後の温度上昇の速さから水蒸気の比熱は

$$c_P^{蒸気} = \dot{Q}\frac{\Delta t}{\Delta T}$$
$$= 1\,\text{J/(g s)}\frac{(3220-3115)\,\text{s}}{(150-100)\,\text{K}} = 2.1\,\text{J/(g K)}.$$

水以外のものでも定性的な変化は同じ．

## ワンポイント解説

・差だけが問題なので，℃ と K は同じ．

・約 $0.5\,\text{cal/(g K)}$．

・文字の上についた「・」は時間微分を表す．

・これはカロリーとジュールの換算式．

・蒸発熱はたいていの場合，融解熱よりもひとケタ大きい．

・氷と水蒸気の比熱はほぼ同じで水の半分である．

## 例題 2 の発展問題

**2-1.** 200 g の銅製の容器に 300 g の水が入っており，両者の温度は 20℃ であった．ここに非常に高温の 500 g の銅球を入れたところ，水は沸騰し，全体の温度は 100℃ に落ち着き，5 g の水が水蒸気として失われた．加えた銅球の温度は何度だったか？ ただし，銅の比熱は，385 J/(kg K)，水の比熱は 4180 J/(kg K)，水の気化熱は 2256 kJ/kg とする．

**2-2.** ♡[29] 冷凍肉 200 g を電子レンジで調理するにはどのくらいの時間がかかるか？ ただし融解の潜熱 $L_\mathrm{m}$ は 1 g あたり，80 cal 程度である．

---

[29] とくに調べることなく常識的に知っている知識だけで考え，概算してほしい問題に ♡ を付けた．

## 例題 3　ボイル-シャルルの法則

ピストンのついた円筒形容器に気体が入っている．ピストンが容器の底から 40 cm の位置にあるとき，気体の温度は室温と同じ 27℃ で圧力は $1.0 \times 10^5$ Pa だった．急速に気体を圧縮し，ピストンを容器の底から 20 cm の位置に動かしたとき，気体の圧力は $2.6 \times 10^5$ Pa になった．

(a) このとき，気体の温度は何度か．ピストンをこの位置で固定し，静置したところ熱が逃げて気体の温度は室温に戻った．

(b) このとき，気体の圧力はいくらか．

## 考え方

与えられた気体や液体の体積は，温度と圧力が決まればある値に決まり，それまでにどのような経過をたどって来たかにはよらない．さらに気体については液体状態に比べて体積が十分大きいときは理想気体と考えられ，ボイル-シャルルの法則が成り立つ．

## ‖解答‖

(a) 気体の温度を $T$ K，円筒の断面積を $A$ cm$^2$ とし，ボイル-シャルルの法則の式に数値を入れると

$$\frac{PV}{T} = \frac{1.0 \times 10^5 \text{ Pa} \times 40 \text{ cm} \times A \text{ cm}^2}{(273 + 27) \text{ K}}$$

$$= \frac{2.6 \times 10^5 \text{ Pa} \times 20 \text{ cm} \times A \text{ cm}^2}{T \text{ K}}.$$

これから，$T = 390$ K，気体の温度は 117℃ である．

(b) 温度が 300 K に戻り，ボイルの法則で最初の状態と比べると体積が半分になっているから圧力は $2.0 \times 10^5$ Pa である．

### ワンポイント解説

- 気体を急速に圧縮すると熱が出入りする時間がなく，外から仕事をされて内部エネルギーが上がるので温度が上がる．

- 途中経過は考えず最初と比べるのが簡単．

## 例題3の発展問題

**3-1.** 密閉性,断熱性の完全な床面積 $12\,\mathrm{m}^2$,天井高 $2.5\,\mathrm{m}$ の部屋がある.窓を開け放ったとき,気圧は1気圧 (atm),気温は 0℃ であった.窓をわずかにあけて室温を 27℃ まで上げたところ,空気が隙間から漏れ出していった.流失した空気の質量 $m$ はどのくらいか.窓を閉め密閉した場合には,室内の気圧 $P$ はどれだけになるか.ただし 0℃,1気圧おける空気の密度は約 $1.3\,\mathrm{kg/m}^3$ である.

**3-2.** 図 1.5 のように気体が入った全く同じシリンダー A と B が向かい合わせに置かれ,共通の滑らかに動くピストンでつながれている.はじめの温度はともに $T_0 = 300\,\mathrm{K}$ であり,気体の体積は $V_\mathrm{A} = 2500\,\mathrm{cm}^3$ と $V_\mathrm{B} = 1500\,\mathrm{cm}^3$ であった.容器 B を加熱して気体の温度を $T$ に上げたところ両方の気体の体積が等しくなった.このときの温度 $T$ と体積 $V$ を求めよ.

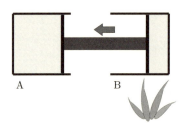

図 1.5: 連動するピストンでつながれた 2 つのシリンダー A と B.

## 例題 4　理想気体と熱力学の第 1 法則

蓋となるピストンの質量が $m$，断面積が $A$ のシリンダーに理想気体とみなせる気体が入っている．大気圧は $P_0$，気温は $T_1$，最初の気体の体積は $V_1$ であった．

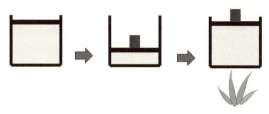

図 1.6: 重りを乗せて気体を圧縮し，そのまま加熱して体積を元に戻す．

(a) 重力加速度を $g$ として，気体の圧力 $P_1$ を求めよ．
(b) 蓋の上に質量 $M$ の重りを非常にゆっくりとのせたところ気体の温度は $T_1$ で変化せずに体積が $V_2$ になった．このときの気体の体積 $V_2$ はいくらか．
(c) 気体が収縮する過程で熱は吸収されたか放出されたか．
(d) 次に気体を加熱したところ体積が $V_1$ に戻った．このときの温度 $T_2$ はいくらか．
(e) 加熱の過程で気体のした仕事 $W'$ を求めよ．これは加えられた熱量より大きいか小さいか．

## 考え方

理想気体ではボイル-シャルルの法則が成り立ち，内部エネルギーは温度だけで決まる．これと第一法則の熱，仕事，エネルギーの関係を使う．

## ‖解答‖

(a) 重りによって余計に加わる力は $mg$，これを面積で割れば余計に加わる圧力となるから

$$P_1 = P_0 + \frac{mg}{A}$$

**ワンポイント解説**

(b) 圧力は重りが加わったことによって $P_2 = P_0 + \frac{(m+M)g}{A}$ になった. ボイルの法則から $P_1V_1 = P_2V_2$ なので

$$V_2 = \frac{P_1}{P_2}V_1 = \frac{P_0 A + mg}{P_0 A + (m+M)g}V_1.$$

(c) 理想気体の等温変化だから $Q + W = 0$, 気体は仕事を受けたので $W > 0$, よって $Q < 0$. 気体は熱を放出した.

(d) シャルルの法則から $\frac{V_2}{T_1} = \frac{V_1}{T_2}$ なので

$$T_2 = \frac{V_1}{V_2}T_1 = \frac{P_0 A + (m+M)g}{P_0 A + mg}T_1.$$

(e) 膨張する過程で圧力は一定だから

$$\begin{aligned}W &= P_2 \Delta V = P_2(V_1 - V_2)\\ &= P_2 V_1 - P_2 V_2\\ &= P_2 V_1 - P_1 V_1\\ &= (P_2 - P_1)V_1\\ &= \frac{Mg}{A}V_1.\end{aligned}$$

・ゆっくりと重りを乗せたということが重要. 一気にやれば熱が伝わる時間がなく温度が上がる.

・ボイルの法則のおかげで簡単な結果になった.

## 例題 4 の発展問題

**4-1.** 理想気体を熱の出入りがないようにして圧縮すると温度はどう変わるか.

**4-2.** 例題 4 のような状況で, シリンダーの断面積が $A = 100\,\text{cm}^2$, 気体の入ったシリンダーの底から $m = 0.1\,\text{kg}$ のピストンまでのはじめの高さは $h_1 = 15\,\text{cm}$, 気体の温度と気温は 300 K, 大気圧は 1000 hPa(ヘクトパスカル) であった. 気体の温度を一定に保ちながら, ピストンの上に質量 1 kg の重りをゆっくりと乗せたところ高さは $h_2 = 10\,\text{cm}$ となった. 次いで, シリンダーを断熱状態に置き, シリンダー内に入っている 10 W(ワット) のヒーターで 20 秒間通電加熱したところ $h = 15\,\text{cm}$ になった. 重りの質量 $M$, 膨張の際に気体がした仕事 $W$, 気体の熱容量 $C$ を求めよ. ただし, ヒーターの体積や熱容量, シリンダーとピストンの熱容量, ピストンの質量は無視する.

重要度
★★

# 2 大学の熱力学へ
## －微分積分，理想気体－

《内容のまとめ》

　大学の物理が高校と大きく変わる点は，まず微分積分などの数学を駆使するようになることだ．とくに熱力学では多変数関数の微分をよく使うので最初にこの要点をまとめておく．また微分積分によって物理量を計算することや，物理量の間の関係を見出す手法にも慣れておこう．

　原子，分子レベルのミクロな物理と目に見えるマクロな世界を対象とした熱力学を結ぶものとして統計力学がある．読者の中には統計力学は学習しないという人もいると思うので，代わりに理想気体の分子運動論を取り上げて，ミクロとマクロの世界の関係をイメージしよう．気体はいろいろな方向にいろいろな速さで直線運動する分子の集まりだが，力学の知識に基づいて理想気体での熱や仕事を考え，抽象的になりがちな熱力学の世界に入る準備をする．

[多変数関数とその微分]

　関数 (function) とは，入力 (input) $x$ と出力 (output) $y$ の対応関係だ：$x \to y$．これを $y = f(x)$ と書く．途中の対応関係 $f$ はブラックボックスのこともあるし，中身が簡単な数式で表され，よくわかっていることもある．多変数関数とは入力が複数の関数のこと，つまり $(x, y, \cdots) \to z$ という対応関係で，$z = f(x, y, \cdots)$ と書く．2変数関数の例としては，緯度経度やそれに代わる水平位置 $(x, y)$ の関数として高さ $z$ が表せる地形 $z = f(x, y)$ などがある．熱平衡にある一定量の気体や液体の圧力は，温度と容器の体積だけで決まってしまうので，これも

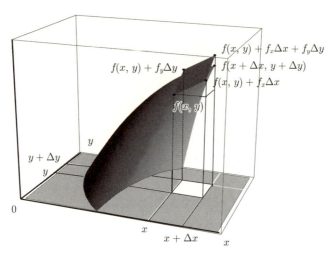

図 2.1: 2変数関数 $f(x,y)$ を曲面で表したグラフ．$f(x,y)$ を $(x,y)$ での接平面で代用すれば，$f(x,y) + f_x(x,y)\Delta x + f_y(x,y)\Delta y$ が $f(x+\Delta x, y+\Delta y)$ の近似値となる．

$$P = f(T,V) \tag{2.1}$$

と書ける．式 (2.1) やこれと同等な関係を，その物質の**状態方程式** (equation of state) と呼ぶ．また一様な物質の内部エネルギー $E$ は物質量（分子数），容器の体積，温度の関数である[1]．同じものを分子数，圧力，温度の関数として表すこともできるが，もちろんその関数形は異なっている: $E = f_1(T,V,N) = f_2(T,P,N)$．これらが多変数関数の例だ．

関数の様子を知るには，2変数ならば $z = f(x,y)$ の3次元グラフを書いてみるのがわかりやすい（図 2.1）．2変数関数の微分係数であるグラフの傾きは向きによって違っている（地形と地形図を想像しよう）．このうち $x$ 方向と $y$ 方向の傾きが，それぞれの**偏微分** (partial derivative) である．$f(x,y)$ の $x$ での偏微分は，$y$ の値を固定して $x$ で微分することで，

$$\frac{\partial f(x,y)}{\partial x} = \lim_{\Delta x \to 0} \frac{f(x+\Delta x, y) - f(x,y)}{\Delta x} \tag{2.2}$$

---

[1] 固体では形を変えようとすると歪みが起きるので話は複雑になる．とりあえず歪みのない状態，あるいは流体を想定しよう．

で定義される[2]．同様に $f(x,y)$ の $y$ についての偏微分は

$$\frac{\partial f(x,y)}{\partial y} = \lim_{\Delta y \to 0} \frac{f(x, y+\Delta y) - f(x,y)}{\Delta y} \qquad (2.3)$$

である．偏微分係数，偏導関数とも呼ばれ，次のようないろいろな書き方がある：

$$\frac{\partial f}{\partial x}(x,y), \quad f_x(x,y), \quad D_x f(x,y), \quad \partial_x f(x,y), \quad \left(\frac{\partial f}{\partial x}\right)_y.$$

ふつうの微分が計算できれば，他の文字は定数とみなすだけだから，偏微分も同じように計算できる．

[高階微分]

高階の（高次の）微分も1階微分と同様に計算できるが，2変数の場合は4種類あることに注意．また下付添え字で微分を表すときは，左から右が微分の順序になる習慣のようだ．

$$\frac{\partial^2 f(x,y)}{\partial x^2} = \frac{\partial}{\partial x}\frac{\partial f(x,y)}{\partial x} = f_{xx}(x,y) = \partial_x^2 f(x,y), \qquad (2.4)$$

$$\frac{\partial^2 f(x,y)}{\partial x \partial y} = \frac{\partial}{\partial x}\frac{\partial f(x,y)}{\partial y} = f_{yx}(x,y) = \partial_x \partial_y f(x,y), \qquad (2.5)$$

$$\frac{\partial^2 f(x,y)}{\partial y \partial x} = \frac{\partial}{\partial y}\frac{\partial f(x,y)}{\partial x} = f_{xy}(x,y) = \partial_y \partial_x f(x,y), \qquad (2.6)$$

$$\frac{\partial^2 f(x,y)}{\partial y^2} = \frac{\partial}{\partial y}\frac{\partial f(x,y)}{\partial y} = f_{yy}(x,y) = \partial_y^2 f(x,y). \qquad (2.7)$$

微分の順序は交換できるとは限らないが次の定理がある．

**定理**: 偏導関数 $\dfrac{\partial^2 f}{\partial x \partial y}$ と $\dfrac{\partial^2 f}{\partial y \partial x}$ が存在して，ともに連続であれば両者は等しい（物理でふつうに現れるのはこの場合である）．

[全微分]

山腹の傾斜が方位によって違うように，2変数関数のグラフの傾きは向きによって違っているが，2つの向きでの傾き（2つの偏微分係数）がわかれば，近くの2点の標高差を求めることができる．

---

[2] $\partial$ はデル，ラウンドなどと読まれる．

一般にある点での関数の値，微分係数の値，2 階微分係数の値などがわかれば関数のその点の近くでの様子がわかる．$x$ の値がわずかに変わったときの関数 $f(x)$ の変化分はテイラー展開によって

$$\Delta f = f(x+\Delta x) - f(x)$$
$$= f'(x)\Delta x + \frac{1}{2}f''(x)(\Delta x)^2 + \cdots \tag{2.8}$$

と表せる．これは第 1 項だけを取れば曲線を接線で近似したことに，第 2 項まで取れば放物線で近似していることになる．多変数関数でも，ある点での関数の値，微分係数の値，2 階微分係数の値などがわかれば関数のその点の近くでの様子がわかる．

$$\Delta f = f(x+\Delta x, y+\Delta y) - f(x,y)$$
$$= \frac{\partial f}{\partial x}\Delta x + \frac{\partial f}{\partial y}\Delta y + \frac{1}{2}\frac{\partial^2 f}{\partial x^2}\Delta x^2 + \frac{\partial^2 f}{\partial x \partial y}\Delta x \Delta y + \frac{1}{2}\frac{\partial^2 f}{\partial y^2}\Delta y^2 + \cdots \tag{2.9}$$

微分係数はすべて座標 $(x,y)$ での値をとる．最後の式で第 2 項までとれば曲面を接平面で近似したことになり，第 5 項まで取れば 2 次曲面で近似したことになる．

2 点間の距離を縮めた $\sqrt{(\Delta x)^2 + (\Delta y)^2} \to 0$ の極限を形式的に

$$df = \frac{\partial f}{\partial x}dx + \frac{\partial f}{\partial y}dy \tag{2.10}$$

と書いて，$df$ を**全微分** (total derivative) という．3 次元以上への拡張も全く同様である．

$$df = \frac{\partial f}{\partial x}dx + \frac{\partial f}{\partial y}dy + \frac{\partial f}{\partial z}dz. \tag{2.11}$$

[微分形式と積分可能条件]

座標 $(x,y)$ の関数を $P(x,y)$, $Q(x,y)$ として**微分形式**と呼ばれる次の形の式

$$P(x,y)dx + Q(x,y)dy \tag{2.12}$$

を考える.力学で学んだように,$P$ と $Q$ が空間座標の関数としての力の $x$ 成分と $y$ 成分,$F_x(x,y)$ と $F_y(x,y)$ ならば,これは微小な仕事 $dW = \boldsymbol{F} \cdot d\boldsymbol{r}$ を表す.ある点 $(x_1, y_1)$ から別の点 $(x_2, y_2)$ まで式 (2.12) を積分したもの(力学の例では仕事)は

$$\frac{\partial Q(x,y)}{\partial x} = \frac{\partial P(x,y)}{\partial y} \tag{2.13}$$

の条件が満たされるときに,途中の経路によらなくなる.式 (2.13) は積分可能条件と呼ばれ,この条件が満たされれば式 (2.10) のように 1 つの関数 $f(x,y)$ の全微分の形になる[3].式 (2.13) は 2 階微分が順番によらないという式,$f_{yx}(x,y) = f_{xy}(x,y)$ に相当する.このとき,$f(x,y)$ を求めるには,$f = 0$ となる基準点をたとえば原点 $(0,0)$ に選び,最初 $x$ 軸に沿って $(x,0)$ まで積分し,そこから $y$ 軸に平行に $(x,y)$ まで式 (2.12) を積分すればよい.つまり

$$f(x,y) = \int_0^x P(x', 0) dx' + \int_0^y Q(x, y') dy' \tag{2.14}$$

となる[4].

### [微分や多変数関数使用上の注意]

ある物質の圧力 (2.1) や内部エネルギーは温度と体積が決まれば 1 つの値に定まるので $T$ と $V$ の 2 変数関数と言ってよいが,全微分の関係式 (2.10) を書くには慎重さが求められる.体積をわずかに変化させたときの内部エネルギーの微小な変化は,式 (1.9) の仕事 $-PdV$ だけでなく,熱の出入りの仕方にもよっている.熱の出入りがないとすると体積変化によって温度が変化してしまうので $T$ と $V$ は独立にはとれない.上手に独立変数や注目する物理量を選ぶと全微分の関係式が非常に有用になることをこれから学んでいくことになる.

熱力学で現れる物理量のうち,温度,体積,圧力,エネルギーなどは,物質の状態が決まればはっきりと決まり,物理量の 2 つの状態での差 $\Delta T$ や $\Delta E$,微分 $dT$ や $dE$ も明確に決まる.しかし,仕事 $W$ や熱量 $Q$ は,ある仕事をもった状態とかある熱量をもった状態というものはなく,お互いに他方に化け

---

[3] この条件があるとき力学では,適当に基準点をとって移動経路に沿って積分した仕事 $W(x,y)$,あるいはこれの符号を変えたポテンシャルエネルギー $\phi(x,y)$ が存在して,$\boldsymbol{F} = -\nabla \phi$ で力を表すことができる.

[4] 先に $y$ 軸に沿って $(0,y)$ まで積分し,そこから $x$ 軸に平行に進んでも,あるいは原点から $(x,y)$ にまっすぐ進んでも積分の結果はもちろん同じになる.

られる．このため $\Delta W$ や $\Delta Q$ は 2 つの状態での仕事の差や，熱量の差を意味しない．このことを強調するときには微少量を $d'W$ や $d'Q$ で表すことにする（第 4 章で詳しく解説）．

物理量の間の定量的な関係を求めるのには微分が重宝される．ある物理量 $x$ をわずかに変化させたときに他の物理量 $f$ がどのように変化するかが簡単にわかる場合がある．たとえば $\Delta f = f(x + \Delta x) - f(x)$ が $g(x)\Delta x$ の形に書けて，$g(x)$ がわかったとしよう．このときには $df(x)/dx = g(x)$ という微分方程式が成立するということだから，$g(x)$ を $x$ で積分すれば $f(x)$ が求められる[5]（例題 5 参照）．このように徐々に変化する量を考えるときは，微小量を考えて微分方程式を立てるのが大学物理の王道だ．

[理想気体の状態方程式]

ボイル-シャルルの法則 (1.7) で，物質量を 2 倍にすれば左辺は 2 倍になるから，右辺の定数も質量などの物質量に比例しているはずである．驚くべきことに，この右辺は気体の種類によらず気体に含まれる粒子数（分子数）$N$ だけで決まっている[6]．つまり次式のように表せる：

$$PV = Nk_\mathrm{B}T. \tag{2.15}$$

比例定数 $k_\mathrm{B}$ はボルツマン定数 (Boltzmann constant) と呼ばれる普遍定数で，その値は $1.38 \times 10^{-23}$ J/K である．式 (2.15) が理想気体の状態方程式だ．分子数密度 $n = N/V$（単位は m$^{-3}$）を使って $P = nk_\mathrm{B}T$ とも書ける．物質量としてモル，つまりアヴォガドロ定数[7] $N_\mathrm{A}$ を単位に測った粒子数 $\bar{n}$ mol を使えば状態方程式は

$$PV = \bar{n}RT \tag{2.16}$$

と書ける．比例定数 $R$ は気体定数 (gas constant) と呼ばれ，その値は 8.31 J/(mol K) である[8]．状態方程式 (2.15) は稀薄な気体でよく成り立ち，理想的な気体のモデルから分子の運動エネルギーを絶対温度と関係づけることによっ

---

[5] $\Delta f$ が $(\Delta x)^2$ に比例する場合は 2 階微分方程式となる．
[6] アヴォガドロの法則．1811 年にイタリアの Amedeo Avogadro が最初に指摘した．
[7] 以前はアヴォガドロ数と呼ばれた．
[8] ボルツマン定数との関係は $N = N_A\bar{n}$ だから $R = k_\mathrm{B}N_A = 1.38 \times 10^{-23}$ J/K $\times$ $6.02 \times 10^{23}$ (mol)$^{-1}$ = 8.31 J/(mol K)．

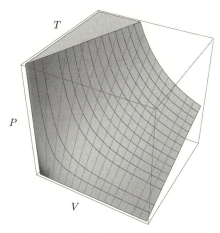

図 2.2: 理想気体の温度，体積，圧力の関係．$P = P(V, T) = Nk_\mathrm{B}T/V$ の曲面を $T$ 一定で切ると双曲線，$V$ 一定で切ると直線になる．

て導くことができる（例題 7 参照）．

[定積熱容量と定圧熱容量]

　式 (1.2) に登場した熱容量や比熱は，体積一定で仕事を受けない場合と体積が変化する場合で値が異なる．体積を一定に保って加熱したときの熱容量を **定積熱容量** (isochoric heat capacity) と呼び $C_V$ で，圧力を一定に保ったときのものを **定圧熱容量** (isobaric heat capacity) と呼び $C_P$ で表す．微小な熱量 $\Delta Q$ を加えたときに温度が $\Delta T$ 上昇したとして，式 (1.2) により式で表せば

$$C_V = \left(\frac{\Delta Q}{\Delta T}\right)_{V\text{一定}}, \qquad C_P = \left(\frac{\Delta Q}{\Delta T}\right)_{P\text{一定}}, \tag{2.17}$$

である．

[理想気体の定積熱容量]

　ヘリウムやアルゴンのような単原子分子 (monoatomic molecule) 気体では，分子が球状のため分子の回転の運動エネルギーを考えなくてよい[9]．また分子の内部運動によるエネルギーは，温度があまり高くなければ無視できる．例

---

[9] 球状でも回転はあると思うかもしれないが，量子力学によれば単原子分子には回転がない．

題7に示すように，分子の内部運動の自由度を無視すると，理想気体のエネルギーは併進の運動エネルギーのみで

$$E^{単原子理想気体} = \frac{3}{2}Nk_B T \tag{2.18}$$

となる．係数の $\frac{3}{2}$ は，$x, y, z$ 各方向の運動によるエネルギーの和だから，自由な1つの運動自由度のもつ平均エネルギーが $\frac{1}{2}k_B T$ である．これが絶対温度のもつ物理的な意味だ．単原子分子では系にエネルギーを供給すれば，すべてが分子の並進運動のエネルギーになり，それは圧力に寄与する．定積変化なら気体は仕事を受けないので $\Delta Q = \Delta E$．微小量の極限をとって微分で書くと

$$C_V^{単原子理想気体} = \left(\frac{d'Q}{dT}\right)_{V\,一定} = \left(\frac{\partial E^{単原子理想気体}}{\partial T}\right)_V = \frac{3}{2}Nk_B. \tag{2.19}$$

単原子理想気体の定積熱容量は，種類によらず分子数だけで決まり，温度にも体積にもよらない．

多原子分子からなる気体では，分子の回転や分子内での原子の振動などにもエネルギーが渡るので，定積熱容量は単原子分子よりも大きく，一般には温度変化がある: $C_V > \frac{3}{2}Nk_B$．しかし，この分子の内部自由度に関するエネルギーは並進運動には関係がないから，体積や圧力によらない温度だけの関数である．つまり理想気体では常に

$$\left(\frac{\partial E^{理想気体}}{\partial V}\right)_T = 0 \tag{2.20}$$

である．

**実在気体** (real gas) では温度一定で運動エネルギーに変化がなくても，体積が変われば分子間の距離が変わり平均のポテンシャルエネルギーが変わる．その結果，式 (2.20) は成り立たない．とくに分子間の平均距離が分子の大きさと比べられるくらいになると，大きな効果が表れ，密度上昇によって液体状態に変わっていく．

[理想気体の定圧熱容量]

定圧変化で同じだけの温度上昇（つまり内部エネルギーの上昇）を実現するには，分子のエネルギーの上昇に加えて，気体の体積が増大して外部に対してする仕事の分のエネルギー $-\Delta W$ を補わなくてはならない[10]．式で書くと式 (1.10) から $\Delta Q = \Delta E - \Delta W = \Delta E + P\Delta V$ なので，定圧熱容量は

$$\begin{aligned}C_P^{理想気体} &= \left(\frac{d'Q}{dT}\right)_{P\,一定} \\ &= \left(\frac{\partial E^{理想気体}}{\partial T}\right)_P + P\left(\frac{\partial V}{\partial T}\right)_P \\ &= C_V^{理想気体} + Nk_B = C_V^{理想気体} + \bar{n}R. \end{aligned} \quad (2.21)$$

第1項の理想気体の内部エネルギーは温度だけの関数なので定積でも定圧でも温度で微分した値は同じである．第2項は状態方程式 (2.15) を使って計算した．この式はマイヤー[11]の関係式と呼ばれる．

[理想気体の自由膨張]

理想気体を容器の壁を急に取り払って自由空間へ膨張させる．このとき速い分子は高速で，遅い分子は低速で別な壁にぶつかるまで広がっていく．気体は膨張しても，押すべき壁がないので仕事はしない．自由膨張は刻々の圧力も定義できない典型的な不可逆過程である[12]．膨張が断熱容器で止まれば，最終的には分子と壁との衝突によって新たな平衡状態が実現する．自由膨張は，理想気体では体積が変化してもエネルギーは変化しないので等温膨張となるが，実在気体では（分子間のポテンシャルエネルギーが変わるので）エネルギーが変わり温度も変化する（第6章参照）．

---

[10] $W$ は気体が受ける仕事と定義してある．

[11] ドイツの Julius Robert von Mayer はエネルギー保存則の提唱者の一人．また，この関係式を使いジュールに先駆けて熱の仕事等量（ジュールとカロリーの関係）を求めた．

[12] 逆過程を実現するため，壁を速く押してみても大きな力を加えなくてはならず，自由膨張の逆にはならない．

[混合理想気体]

$N_1$ 個の分子からなる理想気体 1 と $N_2$ 個の分子からなる理想気体 2 を混合した理想気体の状態方程式は

$$PV = (N_1 + N_2)k_\mathrm{B} T. \tag{2.22}$$

圧力 $P$ は両方の気体からの寄与の和とみなすことができる（片方の分子だけを通す半透壁があれば直接測定できる）．それぞれの圧力を分圧 (partial pressure) と呼び，$P_i V = N_i k_\mathrm{B} T$ で与えられ，$P = P_1 + P_2$ である．エネルギーも元の 2 つの気体の和である．

## 例題 5　積分可能条件

定積での圧力の温度変化や等温での圧力の体積による変化を考える．
(a) $\bar{N}$ をある定数として次の 2 つが同時に満たされることはありえないことを説明せよ．
$$\left(\frac{\partial P}{\partial T}\right)_V = \bar{N}, \qquad \left(\frac{\partial P}{\partial V}\right)_T = -\bar{N}\frac{T}{V}.$$
(b) 2 変数関数の微分形式は，適当な関数 (積分因子と呼ばれる) を全体にかけることによって全微分の形になる．上の式に $V^n$ をかけることによって全微分になるような $n$ を求めよ．
(c) (b) の結果の式を $P$ の全微分とするとき，圧力 $P$ を求めよ．

### 考え方

$P = f(T, V)$ の形の状態方程式が 1 つ決まることが必要である．全微分の形になれば，積分して $P$ が求められる．

### 解答

(a) 微分形式で書くと
$$\bar{N}dT - \bar{N}\frac{T}{V}dV.$$
積分可能条件が満たされるかを調べると
$$\frac{\partial}{\partial T}\left(-\bar{N}\frac{T}{V}\right) - \frac{\partial}{\partial V}\bar{N} = -\frac{\bar{N}}{V} \neq 0.$$
条件が満たされないので，全微分にはならず $f(T, V)$ は存在しない．

(b) $V^n$ をかけて微分形式で書くと
$$\bar{N}V^n dT - \bar{N}TV^{n-1}dV$$
積分可能条件 (2.13) が満たされるかを調べると
$$\frac{\partial}{\partial T}\left(-\bar{N}TV^{n-1}\right) - \frac{\partial}{\partial V}\bar{N}V^n$$
$$= -\bar{N}V^{n-1} - n\bar{N}V^{n-1}.$$

### ワンポイント解説

・したがって状態方程式が書けない．
・積分因子を求める一般的な方法はないが，ベキ乗はまず試すべき．

$n = -1$ ならば条件が満たされ，$P = f(T, V)$ という関数がありうる．

(c) この場合の微分形式は

$$\frac{\bar{N}}{V}dT - \bar{N}\frac{T}{V^2}dV.$$

式 (2.14) のように基準点 $(T_0, V_0)$ から $(T, V_0)$ を通って任意の点 $(T, V)$ まで積分し $f(T, V)$ を求めると

$$\begin{aligned} f(T, V) &= f(T_0, V_0) + \int_{T_0}^{T} \frac{\bar{N}}{V} dT - \int_{V_0}^{V} \bar{N}\frac{T}{V^2} dV \\ &= f(T_0, V_0) + \frac{\bar{N}(T-T_0)}{V_0} + \bar{N}T\left(\frac{1}{V} - \frac{1}{V_0}\right) \\ &= f(T_0, V_0) - \frac{\bar{N}T_0}{V_0} + \frac{\bar{N}T}{V}. \end{aligned}$$

基準値 $f(T_0, V_0)$ の値を $\frac{\bar{N}T_0}{V_0}$ にとるとすると $f = \frac{\bar{N}T}{V}$ となる．ここで $\bar{N} = Nk_B$ ならば，これは理想気体の状態方程式に他ならない．

この結果は，温度を上げたときの圧力変化が $\left(\frac{\partial P}{\partial T}\right)_V = \frac{\bar{N}}{V}$ となり，体積を変えたときの圧力変化が $\left(\frac{\partial P}{\partial V}\right)_T = -\frac{\bar{N}T}{V^2}$ となるような物質は状態方程式 $P = \frac{\bar{N}T}{V}$ に従うが，$\left(\frac{\partial P}{\partial T}\right)_V = \bar{N}$ で $\left(\frac{\partial P}{\partial V}\right)_T = -\frac{\bar{N}T}{V}$ となるような物質は存在しないということを意味している．

・これを見ただけで $d(\bar{N}T/V)$ とわかれば積分する必要もない．

・基準点を $(0, 0)$ にしないのは原点で発散するから．

### 例題5の発展問題

**5-1.** 次の微分形式は全微分か？ 全微分ならば元の関数形を求め，全微分でなければ積分因子を求めよ．

(a) $xy^2 dx + x^2 y dy$, (b) $x^2 y dx + x^3 dy$.

## 例題 6　高度による気圧の変化

一定の重力 $g$ のもとにある，温度 $T$ で熱平衡にある仮想的な理想気体の気柱を考える．高さ $z$ での圧力を $P(z)$ とすると，これは $z$ より上方にある気体の重量によるものである．

(a) 高さの変化 $dz$ による圧力の変化 $dP = P(z+dz) - P(z)$ を調べ，これと理想気体の状態方程式 (2.15) を使ってボルツマンの測高公式

$$P(z) = P(0)e^{-\frac{mgz}{k_\mathrm{B}T}}$$

を導け．ただし $m$ は 1 分子の質量である．

(b) ここで空気の平均分子量を 28.9，気温を 22 度とすると，大気圧が半分になる高さ $z_0$ はどのくらいか？

### 考え方

単位面積の気柱で，ある高さ $z$ から $z+dz$ までの間にある気体は，上から $P(z+dz)$ の圧力を受け，地球からは気体の質量 $mgn(z)dz$ の重力を受ける（図 2.3）．この力を合わせたものがすぐ下の気体に圧力として加わる．

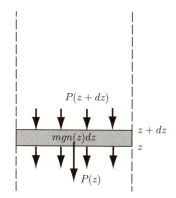

図 2.3: ある高さでの圧力は，それより上のすべての空気の重量によって決まる．

## 解答

(a) 断面が単位面積の空気柱を考えると

$$P(z) = P(z+dz) + mgn(z)dz.$$

これから次の微分方程式が得られる.

$$\frac{dP(z)}{dz} = -mgn(z).$$

理想気体の状態方程式 (2.15) を使うと $n(z) = \frac{P(z)}{k_B T}$ だから

$$\frac{dP(z)}{dz} = -\frac{mg}{k_B T} P(z).$$

これを積分して

$$P(z) = P(0) e^{-\frac{mg}{k_B T} z}.$$

この公式を使えば, 気圧を測ることで標高を求めることができる.

(b) $P(z_0)/P(0) = e^{-\frac{mgz}{k_B T}} = \frac{1}{2}$ より,

$$z_0 = \ln 2 \frac{k_B T}{mg}$$

$$= 0.693$$

$$\times \frac{6.02 \times 10^{23} \text{ mol}^{-1} \times 1.38 \times 10^{-23} \text{ J/K} \times 295 \text{ K}}{28.9 \text{ g/mol} \times 9.8 \text{ m/s}^2}$$

$$= 6.0 \times 10^3 \text{ m}.$$

### ワンポイント解説

・徐々に変化する量を考えるときは微小量を考えて微分方程式を立てるのが基本.

・$\frac{dP}{P} = -\frac{mg}{k_B T} dz$ の両辺を積分すると

$\ln P = -\frac{mgz}{k_B T} + \text{const.}$

・本当は高さによって気温や大気の組成が変わるがそれは無視する.

・$\frac{1}{e} = \frac{1}{2.72}$ となる高さはスケールハイトと呼ばれ, この場合は 8600 m ほどになる.

## 例題6の発展問題

**6-1.** ♡ 水深 100 m の湖の底で体積 100 cm³ の気泡を作った．泡が湖面まで上昇すると体積はおよそ何 cm³ になるか？ ただし湖底の水温は 5℃，湖面の水温は 20° で，気泡の温度はその場所の水温と等しいとする．

**6-2.** 例題で考えた単位面積の気柱全体の熱容量を求めよ．ただし重力のないときの理想気体 1 分子のエネルギーを $\varepsilon(T)$ とし，気体分子の数密度は圧力 $P(z)$ の式から

$$n(T, z) = n(T, 0) e^{-\frac{mgz}{k_B T}}$$

としてよい（ヒント：位置エネルギーまで含めた全エネルギーを考える）．

**6-3.** 奥行きが $W$ で断面が図 2.4 のような形状の容器 A と B に密度 $\rho$ の液体が等量入っている．容器は硬く，その厚さや質量は無視してよい．重力加速度の大きさを $g$ とし，大気圧は一定とみなせるので考えなくてよい．
(a) 容器の底から高さ $z$ のところの圧力はいくらか．
(b) この容器の底面に液体からかかる力 $f$ は，A と B それぞれどれだけか．
(c) 容器の底が床に与える力 $F$ は，A と B それぞれどれだけか．
(d) (b) と (c) との違いが生じる理由を定量的に説明せよ．このとき流体の圧力は常に表面に対して垂直な方向に働くことに注意せよ．

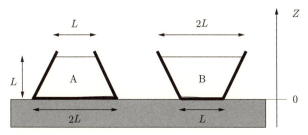

図 2.4: 口のせまい容器 A と口の広い容器 B での力と圧力の関係．

### 例題 7 理想気体の分子描像

気体の中では膨大な数の分子があらゆる方向にいろいろな速度で飛び交っている．箱に入った理想的な気体のモデルを次のように考える．辺の長さが $L_x$, $L_y$, $L_z$ の直方体の容器中で，$N$ 個の質量 $m$ の理想気体分子がそれぞれお互いに独立に等速自由運動する．$i$ 番目の分子の速度を $\boldsymbol{v}_i$ としよう．容器の壁は滑らかで分子は壁と完全弾性衝突をし，分子の大きさや形は無視できる．

(a) $x$ 軸に垂直な壁が，ある時刻の速度が $\boldsymbol{v}_i$ である $i$ 番目の分子から受ける力の長時間平均 $\overline{F}$ は，$\overline{F} = \frac{mv_{ix}^2}{L}$ で表されることを示せ．

(b) この結果を用いてベルヌイの関係式 $PV = \frac{2}{3}E_{\text{kin}}$ を導け．ただし，$P$ は圧力，$V = L_x L_y L_z$ は箱の体積，$E_{\text{kin}} = \sum_i \frac{1}{2}mv_i^2$ は全運動エネルギーである．

(c) この関係と理想気体の状態方程式 (2.15) を比較すると，絶対温度について何が言えるか？

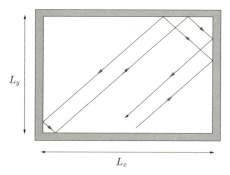

図 2.5: 理想気体の 1 つの分子の運動 ($v_z = 0$ の場合の図)．

### 考え方

理想気体は他の分子と相互作用しないと考えて，1 つの分子だけを考えればよい（本当は分子間の衝突で平衡に達するので，壁としか衝突しないというのは方便だが）．ただし，分子はいろいろな速度で飛んでいるから，とりうる状態を考えて平均をとる．

## 解答

(a) 完全弾性衝突なので，$v_{xi}$ は $y$ 軸や $z$ 軸に垂直な壁との衝突では保存され，$x$ 軸に垂直な壁との衝突で $v_{xi} \to -v_{xi}$ と符号が変わる．$x=0$ と $x=L_x$ に壁があるとき，$x=L_x$ の壁にこの分子が衝突する周期 $\tau$ は（以下，$v_{xi} > 0$ とする）

$$\tau = \frac{2L_x}{v_{xi}}.$$

1回の衝突での粒子の運動量変化は

$$\Delta p_{xi} = -2mv_{xi}$$

である．作用反作用の法則から壁に与える運動量は $-\Delta p_{xi}$ なので，この粒子 $i$ が壁に与える力 $F_{xi}$ は

$$F_{xi} = -\frac{dp_{xi}}{dt}$$

である．

この式を $t$ で積分して長時間 $T$ での力の平均 $\overline{F_{xi}}$ を求めると

$$\begin{aligned}
\overline{F_{xi}} &= \frac{1}{T}\int_0^T F_{xi}\,dt \\
&= -\frac{1}{T}\int_0^T \frac{dp_{xi}}{dt}\,dt \\
&= -\frac{1}{T}\sum^{\text{全衝突}} \Delta p_{xi} \\
&= \frac{mv_{xi}^2}{L_x}.
\end{aligned}$$

(b) 壁に働く圧力は，すべての粒子について和をとって $\overline{F_{xi}}$ を求め，壁の面積 $L_y L_z$ で割ればよい．

## ワンポイント解説

・「保存され」とは変化しないという意味．

・$p_y$, $p_z$ は変化しない．

・運動方程式を使うと壁が受け取る運動量から力積がわかる．

・$\int dp_{xi} = \sum \Delta p_{xi}$．

・$\sum^{\text{全衝突}}$ と書いたのは，1粒子のすべての衝突の意味だが，同様な衝突を繰り返すだけだから衝突回数 $\frac{T}{\tau}$ をかければよい．

$$P = \frac{\overline{F_x}}{L_y L_z} = \frac{1}{L_y L_z} \sum_{i=1}^{N} \frac{m v_{xi}^2}{L_x}$$
$$= \frac{N}{V} \langle m v_{xi}^2 \rangle = n \langle m v_{xi}^2 \rangle.$$

粒子の速度の分布が等方的[13]だとすると

$$\langle m v_{xi}^2 \rangle = \frac{1}{3} \langle m \left( v_{xi}^2 + v_{yi}^2 + v_{zi}^2 \right) \rangle$$

だから圧力の式は

$$PV = \frac{2}{3} N \langle \frac{1}{2} m v_i^2 \rangle = \frac{2}{3} E_{\text{kin}}$$

となる．

(c) 状態方程式 (2.15) と比較すると

$$\langle \frac{1}{2} m v_i^2 \rangle = \frac{3}{2} k_\text{B} T$$

であり，1 分子あたりの平均の運動エネルギーが $\frac{3}{2} k_\text{B} T$ であることがわかる．

　ここでの議論は，分子間の相互作用を考えていないので，実在気体ではその補正が必要になる．気体の密度が小さければ補正は無視してもよい．

・$\langle \cdots \rangle$ は粒子集団についての平均．

個々の粒子ではなく全粒子について平均すれば成立する．

・理想気体では常に成り立つ一般的な関係．

$\langle \frac{1}{2} m v_{xi}^2 \rangle = \langle \frac{1}{2} m v_{yi}^2 \rangle = \langle \frac{1}{2} m v_{zi}^2 \rangle$ だから，1 運動自由度のもつ平均運動エネルギーが $\frac{1}{2} k_\text{B} T$．

---

[13]方位によらないという意味．

## 例題 7 の発展問題

**7-1.** 半径 $R$ の球状の容器に入った質量 $m$ の単原子分子の気体を考える．気体中の $i$ 番目の分子と容器の壁との衝突を考える（図 2.6）．

(a) この分子の速さは $v_i$ で，壁と弾性衝突をする．1 回の衝突で壁と垂直な方向に加わる力積 $I_i$ はどれだけか？

(b) 同様な衝突を繰り返している間，この分子から壁と垂直な方向に単位時間に平均どれだけの力 $F_i$ が加わっているか？

(c) 気体から面積 $A = 4\pi R^2$ の壁にかかっている圧力 $P$ を求めよ．圧力 $P$ を，球の体積 $V$ と分子の運動エネルギーの総和 $E_{\text{kin}}$ を使って表せ．

(d) 理想気体の状態方程式と上の関係を比べて，分子 1 個の平均運動エネルギーと温度の関係を導き，常温（27℃）での水蒸気中の水分子の速さを求めよ．これは同じ条件下の水素分子の速さの何倍か？

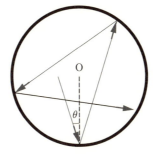

図 2.6: 球の中心 O と分子の軌道を含む平面で見た $i$ 番目の分子の軌跡．

重要度 ★

# 3 平衡状態と温度

――《 内容のまとめ 》――

　熱力学では，いろいろな物質の巨視的な状態の物理量の間に成り立つ一般的な関係とその変化を扱う．対象とするのは一様な物質である．現実の物質が一様均質でないことも多いが，対象とする物から原子や分子よりはずっと大きいが一様とみなせるくらい小さい部分を切り出して考えれば，熱力学の考察が使える．対象は固体であっても液体や気体であっても構わない．しかし，固体は力がかかったときに一様でなくなり，また等方でもないから[1]，話がややこしくなるので，まずは液体や気体，つまり流体を想定して話を進める．

　熱力学は対象を限定しないので，使う言葉が抽象的である．気体や液体を想像しながら，抽象的思考法の訓練だと思って学習しよう．

[いろいろな系]

　物理学では対象を系 (system) と呼ぶ．熱力学では理想化したいくつかの系を考える．

1. 外界とエネルギーや物質のやり取りの全くない**孤立系** (isolated system)，
2. エネルギーは出入りしても物質の出入りはない**閉じた系** (closed system)，および物質の出入りがある**開いた系** (open system)，
3. 外部と熱のやり取りがない**断熱系** (adiabatic system)．温度が一定の**等温系** (isothermal system)，
4. 圧力が一定の**定圧系** (isobaric system)，体積が一定の**定積系** (isochoric

---

[1] 一様 (uniform) とは性質が位置（部位）によらないこと，等方 (isotropic) とは向きによらないこと．固体は原子が規則正しく並んだ結晶である．結晶では原子が並んだ軸に対して向きが違うと性質は必ずしも同じにならない．

system),
などがある．またこれらの系を囲んでいる容器の壁の性質として次のようなものが区別できる．

1. 熱を通す**透熱壁** (diabatic wall) と通さない**断熱壁** (adiabatic wall).
2. 動かない**固定壁** (fixed wall) とかかった力に応じて動く**可動壁** (mobile wall). 固定壁では力がかかっても動かないから力学的仕事はしないが, 可動壁では壁に垂直な力と壁の垂直方向の移動距離を掛け合わせただけ系に仕事をする．
3. このほか壁に分子が通れる程度の小さな穴が開いた**透過性の壁** (permeable wall)[2] と穴の開いていない**非透過性の壁** (impermeable wall) が区別できる．

[熱力学の第0法則]

熱力学では, 系を長いこと放っておいて落ち着いたのちの**熱平衡状態** (thermal equilibrium state) が重要である．どのくらい放っておけばよいかは一概には言えない．とくに系の大きさによって1ミリ秒ですむ場合もあれば1年でも足りない場合もある．系が落ち着いて変化しなくなった後の平衡状態について, 次のことが経験的に成り立つ．それぞれが熱平衡にある2つの系A, Bを固定透熱壁を介して接触させ, 何も変化がなければ両者はお互いに熱平衡状態にある．AとBが熱平衡あり, BとCが熱平衡にあるならば, AとCも熱平衡にある．このようにお互いに熱平衡にあるもの同士がすべて熱平衡にあることを**熱力学の第0法則** (0th law of thermodynamics) と呼ぶ．この熱平衡状態を特徴づける量が温度である．お互いに熱平衡にある系は温度が等しい．もし温度が違っていれば温度が高いほうから低いほうにエネルギーが熱として流れる[3]．

[熱浴と部分系]

大きな体系の中の一部に注目するとき, これを**部分系** (partial system) と呼ぶ．熱平衡にある大きな系の中に透熱壁に囲まれた小さな部分系を入れると,

---

[2] 物質の移動はできるが, 壁の両側の温度や圧力は違ってもよい．
[3] 3つの系は順序づけられるので, 熱がAからBに流れ, BからCに流れたとしたら, ACの接触ではAからCに流れる．CからAに流れて熱が循環するようなことはない．

大きな容器内の状態はほとんど変化せずに小さな容器が周囲と熱平衡になる．このとき小さな容器に対して外部は一定の環境とみなせ，大きな容器を**熱浴** (heat bath) と呼ぶ．

[示量変数と示強変数]

熱力学で扱うのは巨視的（マクロ，macroscopic）な物理量である[4]．巨視的な系の性質を示す物理量にはいろいろあるが大きく 2 つに分けられる．

1. 同様な系を 2 つあわせて 1 つの系と考えたときに 2 倍になる量を**示量変数** (extensive variable) と呼ぶ．例をあげると（カッコ内はその単位），質量 [kg]，体積 $[\text{m}^3]$，粒子数[5]，運動量 [kg m/s]，エネルギー $[\text{J}=\text{kg}\,\text{m}^2/\text{s}^2]$，熱量 [J]，力 $[\text{N} = \text{kg}\,\text{m}/\text{s}^2]$ などである．

2. 同様な系を 2 つあわせて 1 つの系と考えたときに変わらない量を**示強変数** (intensive variable) と呼ぶ．例をあげると，密度（単位体積あたりの質量）$[\text{kg}/\text{m}^3]$，数密度（単位体積あたりの個数）$[\text{m}^{-3}]$，温度 [K]，圧力 $[\text{Pa} = \text{N}/\text{m}^2]$，エネルギー密度（単位体積あたりのエネルギー）$[\text{J}/\text{m}^3]$ などである．

[いろいろな変化]

熱力学ではいろいろな系の変化を特徴づける名前がある．繰り返しになるものもあるがまとめておこう．

1. ある変化の過程を逆にたどれるようなものを**可逆変化** (reversible change) と呼び，そうでないものを**不可逆変化**と呼ぶ．可逆か不可逆かは映画に撮って逆回しをしたものが物理法則にかなった変化かどうかで判定できる[6]．

2. 熱力学で重要なのは**準静的変化** (quasi-static change) である．これは

---

[4]目に見える大きさのものはマクロな物体と呼んでよい．これに対して原子と同程度あるいはそれ以下の大きさの物体は微視的（ミクロ，microscopic）と呼ばれる．通常この 2 つの世界は隔絶しているように思えるがブラウン運動のようにミクロの世界の影響が見えることがある．

[5]日常単位では個だが，物理では枚，匹，頭，足など対象によって区別するような単位はつけない．化学ではおなじみだが，アヴォガドロ定数 $N_A$ を単位として測ればモルという単位がつく．

[6]力学的な運動は，摩擦がなければ後の状態の速度を反転させれば同じ軌道をたどって元に戻るので可逆だが，摩擦があればそうはならないから不可逆である．磁場の中での荷電粒子の運動は，速度を反転させるとともに磁場の向きも反転させなくては逆行しない．

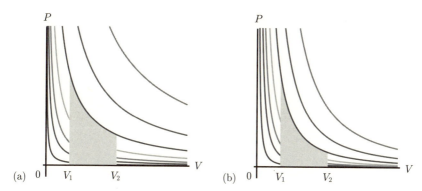

図 3.1: 単原子分子理想気体の圧力 $P$ と体積 $V$ の関係：(a) 等温変化 ($PV = $ 一定) と (b) 断熱変化 ($PV^{\frac{5}{3}} = $ 一定). 塗りつぶされた部分の面積が体積が $V_1$ から $V_2$ まで変化したときに気体が外部に対してする仕事を表す.

常に系を平衡状態に維持しながらゆっくりと変化させることをいう. 系の温度や体積を変化させるとき，常に与えられた温度や体積に対する平衡圧力（状態方程式を満たす圧力）が実現されているような変化である[7].

3. 外からの熱の出入りのない変化を断熱変化と呼ぶ. ただし準静的断熱変化を単に断熱変化と言うこともあるので注意が必要. 断熱壁に囲まれた容器の体積をゆっくりと（つまり準静的に）大きくすれば可逆変化だが，急に大きくすると不可逆変化になる.

4. 熱浴のなかで温度を一定に保ちながらゆっくりと起こる変化は等温変化と呼ぶ.

5. このほか定圧変化，定積変化など.

これらの変化のことを過程 (process) ともいう.

[理想気体の等温膨張と等温圧縮]

**等温膨張**[8](isothermal expansion): $(T, P(V_1), V_1) \xrightarrow{\text{等温}} (T, P(V_2), V_2)$; $V_1 < V_2$. 隔壁（ピストン）をゆっくりと移動させた極限では，そのまま逆戻りのできる可逆過程である. 理想気体になされた仕事は，微小な仕事 $-PdV$ を

---

[7]たとえば急に体積を増加させたとすると，容器内部の圧力が一様でなくなり流体の流れが生じてしまう. 気体も映画に映るとすると，これでは逆回しはおかしなものになる.

[8]等温に保つには準静的でなくてはならないので準静的等温膨張と同じ.

加え合わせたもので[9]（図 3.1 参照），理想気体の状態方程式 (2.15) を使い

$$
\begin{aligned}
W(1 \xrightarrow{\text{等温}} 2) &= -\int_{V_1}^{V_2} P(T,V) dV \\
&= -Nk_{\mathrm{B}}T \int_{V_1}^{V_2} \frac{dV}{V} \\
&= -Nk_{\mathrm{B}}T \ln \frac{V_2}{V_1} < 0
\end{aligned}
\tag{3.1}
$$

となる．この式で $P(T,V)$ と書けるのは各瞬間での平衡状態が実現されたと仮定しているからである．温度一定では理想気体のエネルギーは変化しないから膨張過程で $-W$ の熱が流入し，仕事によるエネルギー損失を埋め合わせたはずである（第 4 章参照）．

**等温圧縮** (isothermal compression): $(T, P(T,V_2), V_2) \xrightarrow{\text{等温}} (T, P(T,V_1), V_1)$．準静的等温膨張は逆に戻ることができる．理想気体になされた仕事は式 (3.1) で $V_1$ と $V_2$ を入れ替え $W(2 \xrightarrow{\text{等温}} 1) = Nk_{\mathrm{B}}T \ln \frac{V_2}{V_1} > 0$．温度一定では理想気体のエネルギーは変化しないから，圧縮過程で $W$ の熱が流出したはずである．

[理想気体の断熱膨張と断熱圧縮]

（準静的）**断熱膨張** (adiabatic expansion): 熱の出入りを断ち，かつ気体中の熱平衡が保たれるようゆっくり膨張させる．準静的断熱過程では，比熱比 $\gamma = \frac{C_P}{C_V}$ を使って書くと，次の関係が成り立つ（図 3.1，例題 9 とその発展問題参照）．

$$
PV^{\gamma} = \text{一定}, \qquad TV^{\gamma-1} = \text{一定}, \qquad PT^{\frac{\gamma}{1-\gamma}} = \text{一定}.
\tag{3.2}
$$

理想気体になされた仕事は

$$
\begin{aligned}
W(1 \xrightarrow{\text{断熱}} 2) &= -\int_{V_1}^{V_2} P(T(V),V) dV \\
&= C_V T_1 \left[ \left(\frac{V_1}{V_2}\right)^{\gamma-1} - 1 \right].
\end{aligned}
\tag{3.3}
$$

---

[9]気体が外部に対してした仕事 $PdV$ とは逆符号であることに注意．

単原子分子なら $C_V = \frac{3}{2}Nk_\mathrm{B}T$, $\gamma - 1 = \frac{2}{3}$ である．$V_1 < V_2$ だから $W(\mathbf{1} \xrightarrow{\text{断熱}} \mathbf{2})$ は負であり，温度は低下する．断熱変化での $TV^{\gamma-1} = $ 一定 の関係を使って式 (3.3) を温度に直せば

$$W(\mathbf{1} \xrightarrow{\text{断熱}} \mathbf{2}) = C_V(T_2 - T_1) < 0. \tag{3.4}$$

熱の出入りがないから仕事 $W$ はエネルギーの変化に等しく，温度は低下する．

(準静的) **断熱圧縮** (adiabatic compression): $(T, P(T, V_2), V_2) \xrightarrow{\text{断熱}} (T, P(T, V_1), V_1)$. 準静的等温膨張は逆に戻ることができる．理想気体になされた仕事は $W(\mathbf{2} \xrightarrow{\text{断熱}} \mathbf{1}) = C_V T_1 \left[ \left(\frac{V_2}{V_1}\right)^{\gamma-1} - 1 \right] > 0$ で，温度は上昇する．

## 例題 8 シリンダー中の気体に対するいろいろな操作

気体を温度一定の熱浴中にある透熱円筒容器（シリンダー）に入れ，次のそれぞれの操作を施したとき，気体にはどのような変化が起きるか？ それは上記の分類のどれにあたるか？（図 3.2）

(a) シリンダーにピストンを付け，それを非常にゆっくり引く．
(b) ピストンを速く引く．
(c) ピストンを非常にゆっくり押しこむ．
(d) ピストンを速く押しこむ．
(e) 容器を仕切ってその片方に気体を入れ，仕切りを取り外す．
(f) 容器にプロペラを入れ激しくかき混ぜて放置する．

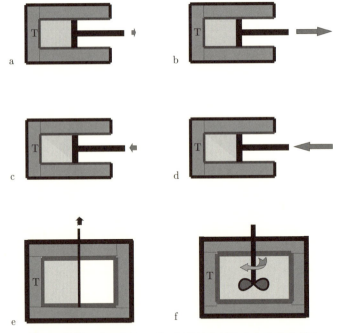

図 3.2: 熱浴の中のシリンダーに付けたピストンのさまざまな操作．(a) ゆっくり引く．(b) 急に引く．(c) ゆっくり押す．(d) 急に押す．シリンダーの中の操作．(e) 仕切りを取る．(f) プロペラを回す．

## 考え方

刻々の熱平衡に達するだけの時間的余裕の有無を考えればよい．その判定基準は容器内が等温にできるかと，分子運動の速さ（これは音速と同程度）とピストンの速さの比較である．

## 解答

(a) 気体は温度一定のまま体積が大きくなると，密度が低下し，圧力が下がった状態に落ち着く．準静的等温膨張．可逆変化で逆過程は (c)．

(b) 気体がピストンを押して仕事をするので気体はエネルギーを失い温度はいったん下がる．しかし，時間がたつと熱が流入し (a) と同じになる．全体としては不可逆過程である．

(c) 気体は温度一定のまま，体積が小さく圧力が上がった状態に落ち着く．準静的等温圧縮．可逆変化で逆過程は (a)．

(d) 外から仕事をされてエネルギーが増え，気体の温度はいったん上がる．しかし，時間がたつと熱は逃げ (c) と同じになる．全体としては不可逆過程である．

(e) 自由膨張をしている短い時間の直後は気体の種類やはじめの温度によって温度が上がることも下がることもあるが，時間がたつと温度ははじめと同じになる．不可逆過程．

(f) かき混ぜている間はエネルギーが増え温度が上昇するが，時間がたつと熱は逃げ，はじめと同じになる．不可逆過程．

## ワンポイント解説

・等温容器であっても熱が伝わるだけの時間がないから膨張中だけは断熱膨張とみなせる．

・理想気体なら温度は変わらない．

## 例題 8 の発展問題

**8-1.** 熱を通さない容器について，例題と同様な過程を考察せよ．

## 例題 9　理想気体の準静的断熱変化

理想気体の内部エネルギーは温度のみの関数である．定積熱容量 $C_V$ が温度によらない定数ならば，$E = C_V T$ と書くことができる．理想気体を準静断熱的に状態 $(P_1, V_1, T_1)$ から状態 $(P_2, V_2, T_2)$ に変化させたときの体積変化と温度変化の関係，さらに圧力変化と体積変化の関係を求めよ（図 3.1 参照）．

### 考え方

理想気体を準静断熱的に変化させたときの内部エネルギーの変化は，気体が外部に対してなす仕事 $W$ によるものである．微小な体積変化による仕事を考えれば体積変化と温度変化の関係を求められる．

### 解答

準静的断熱変化では熱の出入りがなくエネルギー変化は仕事によるもので $\Delta E = W$ なので

$$dE = C_V dT = -PdV = -\frac{Nk_B T}{V}dV.$$

これから

$$\frac{C_V}{Nk_B}\frac{dT}{T} = -\frac{dV}{V}.$$

積分すると

$$\frac{C_V}{Nk_B} \ln T = -\ln V + 定数.$$

よって

$$T^{\frac{C_V}{Nk_B}} V = 一定$$

となる．状態方程式 (2.15) を使って，$T$ を $P$ と $V$ で表すと

$$P^{\frac{C_V}{Nk_B}} V^{\frac{C_V}{Nk_B}+1} = 一定,$$

$V$ を $P$ と $T$ で表すと

### ワンポイント解説

・発展問題 8-1 の (a) や (c) に相当する過程．

・準静的な変化なので状態方程式が使える．

・変数を左辺と右辺に分離する．

$$T^{\frac{C_V}{Nk_B}+1}P^{-1} = 一定$$

が得られる．これらの式の指数を，定圧熱容量と定積熱容量の比（比熱比）を $\gamma = C_P/C_V$ として書きなおすと

$$TV^{\gamma-1} = 一定,$$
$$PV^{\gamma} = 一定,$$
$$T^{\gamma}P^{1-\gamma} = 一定.$$

・$C_P - C_V = Nk_B$ だから $\frac{C_V}{Nk_B} = \frac{1}{\gamma-1}$, $\frac{C_V}{Nk_B}+1 = \frac{\gamma}{\gamma-1}$.

・これらはポアソン(Poisson)の式と呼ばれる．

### 例題 9 の発展問題

**9-1.** 空気が上昇するとき，理想気体として準静的断熱膨張を行うものと考える．
(a) 気温が高度によって低下する割合を求めよ．
(b) 高さ 100 m について気温の低下はどの程度か？
ただし，気体定数を $R = 8.314$ J/(mol K)，空気の平均の分子量を 28.9 g/mol，$\gamma \equiv C_P/C_V = 1.41$，重力の加速度を $g = 9.80$ m/s$^2$ とし，圧力の高度変化は（温度変化を無視して）ボルツマンの測高公式で近似できるものとする．

**9-2.** 等温変化および準静的断熱変化によって $N$ 個の分子からなる理想気体の体積が $V_1$ から $V_2$ に変化するときに，外力が気体に対してする仕事 $W$ を求めよ（図 3.1 参照）．はじめの温度 300 K の 1 mol の空気について，$V_1 = 20$ リットル，$V_2 = 40$ リットルとすると $W$ はそれぞれどれほどか？

重要度 ★★★★

# 4 熱力学の法則

―《 内容のまとめ 》―

　力学や電磁気学で学んだエネルギー保存の法則は，原子や分子のレベルで見れば常に満たされているが，目に見える物体の運動からはエネルギーが消えていく．両者を意識的に切りわけることで一般的で単純な法則が見えてくる．
　この章では，第1章と重なる内容も多いが，改めて熱力学の基本法則をまとめる．

[熱力学の第 1 法則]
　エネルギー保存の法則は，熱力学では**熱力学の第 1 法則**と呼ばれる．閉じた系では，エネルギーの微小な変化 $dE$ は 2 つの部分からなる．1 つは，原子や分子のランダムな運動による微視的なエネルギーが壁や表面から伝わってくる変化 $d'Q$ であり，もう 1 つは，壁の移動など巨視的な運動による仕事として加えられるエネルギー $d'W$ である．

$$dE = d'Q + d'W. \tag{4.1}$$

エネルギー $E$ には系全体としての運動エネルギーや重力の位置エネルギーはふつう含めないので，**内部エネルギー**と呼ばれる[1]．$d'Q$ は外から流入した熱量，$d'W$ は外力が体系に対して行った仕事である．両者の $d$ に「′」が付いているのは「この系のもつ熱量 $Q$」とか「この系のもつ仕事量 $W$」というようなものは存在しないからだ．この系の状態によって決まるのはエネルギー $E$ だけであり，その出入りが目に見える仕事の形でなされるか，目に見えない熱

---

[1] つまり物体の静止系で考え，余計な外場は，かかっていないか変化がないとする．本書ではこれを前提にして単にエネルギーと呼ぶことが多い．

の流入という形でなされることの違いがある．系の状態によって決まる量を**状態量** (state quantity, state variable) と呼ぶ．$E$ は状態量だが熱量 $Q$ や仕事 $W$ は状態量ではない．その系の履歴を知らなくても現在の様子だけを見て決められる温度，体積，圧力などの量，およびそれらの関数が状態量である．

容器の大きさなどのゆっくりした変化によって体積が増えるという形で仕事がなされれば，仕事は $d'W = -PdV$ である．また次章で示すように，熱の流入が刻々の熱平衡を保つゆっくりとしたものであれば，温度 $T$ で熱浴から流入する熱量は，**エントロピー**[2](entropy) と呼ばれる状態量 $S$ を使って $TdS$ と書ける．したがって準静的変化に対しては

$$dE = TdS - PdV \tag{4.2}$$

が熱力学第 1 法則の表現である[3]．

---

**熱力学の第 1 法則**
- 一般的にエネルギーの変化は，流入した熱量と系になされた仕事の和

$$dE = d'Q + d'W$$

- 準静的変化について

$$dE = TdS - PdV$$

---

[状態方程式と独立変数]

式 (2.1) のように熱平衡物質の圧力，温度，体積は状態方程式で結び付けられるので，2 つの独立変数を選べばあとは自動的に決まってしまう．一般に，決まった量の物質のエネルギー $E$ は，圧力，温度，体積，エントロピーなど，

---

[2]エントロピーは熱力学の核心をなす重要（かつ難しい）な概念なので次章で詳しく説明する．
[3]ここでは微分から「′」が消えている．これは体積やエントロピーが状態量だからである．つまり準静的に変化するという条件つきであれば，ふつうの微分を使って表せる．

どの2つの量を使っても表せる[4]．式 (4.2) はエネルギーを（まだよくわからない量）エントロピーと体積の関数として表すと，その偏微分係数が温度と圧力になるという便利な関係である[5]（第5章参照）．

[熱機関]

熱力学の第1法則があるためエネルギーをつぎ込まずに動力（仕事）を得ることはできない．このことは「第1種永久機関は不可能である」とも表現される．高温の物質はそのなかの原子や分子が高いエネルギーをもっているから，これをうまく取り出せば動力を得ることができる．内燃機関や蒸気機関は高温の燃焼ガスや水蒸気から力学的エネルギーを取り出す仕組みである．これら高温の物質を低温にしてエネルギーを取り出すことによって力学的仕事を行う装置を**熱機関** (heat engine) と呼ぶ．熱力学は，熱機関の効率の原理的な上限を明らかにする．

[カルノーサイクル]

何らかの物質の温度や圧力を制御して仕事をさせるときに，使われる物質を**作業物質** (working material) と呼ぶ．作業物質が状態変化を経て元に戻るような過程が**循環過程** (cycle) である．このとき循環過程を経た後，作業物質のエネルギーは元と同じだから，もし系が仕事をしたならば，それは周囲から得た熱を仕事に変換したのである．

効率の良い熱機関を発明しようとするとき，目標とすべき最大効率は一体どれだけなのかという原理的な問題を解決したのが，カルノー[6]による循環過程の一般的考察である．熱を仕事に変換するためには，最低2つの温度の異なる熱源（あるいは熱浴）が必要である．可逆過程を使えば，逆行可能なのだから熱を仕事に変え，その仕事を熱に戻せるのならば無駄な損失がないはずである．こうして可逆過程を組み合わせた最高効率を実現する循環過程—カルノーサイクル（カルノー機関: Carnot's cycle）—が発見された．

---

[4] ふつうは力学的な量 $P$, $V$ のどちらかと，熱的な量 $T$, $S$ のどちらかの1つずつが選択される．

[5] 単原子理想気体では $E = \frac{3}{2}Nk_\mathrm{B}T = \frac{3}{2}PV$ から，その全微分は他の変数を選んでも $dE = Nk_\mathrm{B}dT$ や $dE = \frac{3}{2}VdP + \frac{3}{2}PdV$ ときれいな形になるが，これは理想気体だけの例外である．

[6] Carnot, Nicolas Leonard: (1796-1832) フランスの技術者，物理学者．

[理想気体のカルノーサイクル]

話を具体的にするため，物質の性質がよくわかっている単原子分子理想気体を作業物質とし，高温（温度 $T_\mathrm{h}$）と低温（温度 $T_\mathrm{c}$）の2つの熱浴を使う次の循環過程の熱機関を考える（図4.1, 4.2）．これは**1**から**4**までの4つの状態を等温過程 I($\mathbf{1} \xrightarrow{\text{等温}} \mathbf{2}$) と III($\mathbf{3} \xrightarrow{\text{等温}} \mathbf{4}$)，断熱過程 II($\mathbf{2} \xrightarrow{\text{断熱}} \mathbf{3}$) と IV($\mathbf{4} \xrightarrow{\text{断熱}} \mathbf{1}$) でつなぎ，初期状態**1**に戻るものである．それぞれの過程での作業物質のエネルギー $E$ の変化や受けた仕事 $W$ やもらった熱量 $Q$ を，$\Delta E_\mathrm{I}$，$\Delta W_\mathrm{I}$，$\Delta Q_\mathrm{I}$ などと書く．この循環過程を全体として眺めると，系（作業物質）は高温熱浴から $\Delta Q_\mathrm{I}$ をもらい（これを $\Delta Q_\mathrm{h}$ と書く），低温熱浴に $-\Delta Q_\mathrm{III}$ を渡して（これを $-\Delta Q_\mathrm{c}$ と書く，$\Delta Q_\mathrm{c} = \Delta Q_\mathrm{III} < 0$），外界に対して $-\Delta W = \Delta Q_\mathrm{I} + \Delta Q_\mathrm{III} = \Delta Q_\mathrm{h} + \Delta Q_\mathrm{c}$ の仕事をしている．このとき

$$\frac{\Delta Q_\mathrm{h}}{T_\mathrm{h}} + \frac{\Delta Q_\mathrm{c}}{T_\mathrm{c}} = 0 \tag{4.3}$$

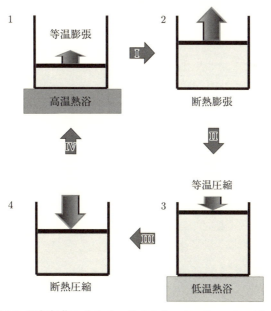

図 4.1: 理想気体のカルノーサイクル: $\mathbf{1} - \mathrm{I} \to \mathbf{2} - \mathrm{II} \to \mathbf{3} - \mathrm{III} \to \mathbf{4} - \mathrm{IV} \to \mathbf{1}$. I) 高温熱浴での等温膨張, II) 断熱膨張, III) 低温熱浴での等温圧縮, IV) 断熱圧縮（1,2,3,4 は図4.2 に対応）．

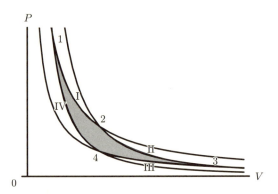

図 4.2: 理想気体カルノーサイクルの体積と圧力の変化: $1 - \mathrm{I} \to 2 - \mathrm{II} \to 3 - \mathrm{III} \to 4 - \mathrm{IV} \to 1$. I) 等温膨張, II) 断熱膨張, III) 等温圧縮, IV) 断熱圧縮 (1,2,3,4 は図 4.1 に対応).

が成立する (例題 11). 式 (4.3) の関係は作業物質が理想気体でなくても, 準静的断熱過程と準静的等温過程からなる, あらゆるカルノーサイクルで成立する (例題 12).

カルノーサイクルは可逆過程だけからなっているから, 逆に $1 \to 4 \to 3 \to 2 \to 1$ と動かすことができる. このとき系は低温熱浴から熱量 $|\Delta Q_\mathrm{c}|$ をもらい, 高温熱浴に外から受けた仕事 $|\Delta W|$ を加えた $\Delta Q_\mathrm{h}$ を渡す. つまり力学的仕事を受けることによって熱を低温から高温に運ぶのである[7].

[熱機関の効率]

熱機関の効率 $\eta$ を, 熱機関がなした仕事 $|\Delta W|$ と高温熱浴から投入した熱量 $\Delta Q_\mathrm{h}$ の比として定義する.

$$\eta = \frac{|\Delta W|}{\Delta Q_\mathrm{h}} \tag{4.4}$$

理想気体のカルノー・サイクルでは

$$\eta^{\text{理想気体カルノー}} = \frac{\Delta Q_\mathrm{h} - |\Delta Q_\mathrm{c}|}{\Delta Q_\mathrm{h}} = 1 - \frac{|\Delta Q_\mathrm{c}|}{\Delta Q_\mathrm{h}}. \tag{4.5}$$

式 (4.3) を使うと

---

[7]これが最も効率の良いエアコンだ.

$$\eta^{\text{理想気体カルノー}} = \frac{T_\text{h} - T_\text{c}}{T_\text{h}} = 1 - \frac{T_\text{c}}{T_\text{h}} \tag{4.6}$$

となる．このように，理想気体のカルノーサイクルの効率は高温熱源と低温熱源の温度によって決まる．

[熱力学の第2法則]

熱力学の第2法則 (the second law of thermodynamics) はいくつかの等価な表現がある．このうちのどれか1つを経験法則として認めれば，他は導き出せる[8]．

---

熱力学の第2法則
1. クラウジウス (Klausius) の原理　熱が低温の物体から高温の物体に自然に（他に変化を与えることなく）流れることはない．
2. トムソン (Thomson) の原理　他に変化を残さずに熱を全部仕事に変えることはできない．
3. 第2種永久機関の不可能性の原理　熱源から熱を奪って仕事をする以外に外界に変化を残さずに，周期的に働く機関は作れない．

---

2.と3.は名称は違うが同じことを言っている．1.と2.が同等であることは次のようにしてわかる．もし1.が正しくなければ，低温から高温に流れた熱を使ってカルノーサイクルを動かし仕事を取り出すことができる．もし2.が正しくなければ低温熱源の熱を仕事に変え，その仕事を高温の熱源で摩擦によって熱に変えれば，低温から高温は熱が流れたのと同じことになる．

[カルノーの原理]

カルノーサイクル（機関）について次のことが証明できる（例題12参照）．
1. カルノー機関の効率は作業物質によらず理想気体を使ったものと同じである．

---

[8]このほかにもカラテオドリーの原理と呼ばれる，さらにピンとこない表現もある．「一様な系の熱平衡状態と近い平衡状態で断熱変化では到達できないものがある．」

2. 不可逆過程を含む熱機関の効率はカルノー機関の効率よりも小さい[9].

理想気体のカルノー機関の効率が式 (4.6) で与えられることから，すべてのカルノー機関の効率は

$$\eta^{カルノー} = 1 - \left|\frac{\Delta Q_\mathrm{c}}{\Delta Q_\mathrm{h}}\right| = 1 - \frac{T_\mathrm{c}}{T_\mathrm{h}} \tag{4.7}$$

となって，高温熱源と低温熱源の温度によって決まる．これが目指すべき熱機関の最高効率というわけだ[10].

[熱力学的温度]

カルノー機関の効率は熱浴の温度だけで決まるから，原理的にはある基準となる熱浴の温度を決めれば，カルノー機関を動かして，その効率から他の熱浴の温度をすべて決められる．こうして式 (4.7) を使って $\Delta Q$ の測定をもとに定義される温度を熱力学的（絶対）温度 (thermodynamic temperature) と呼ぶ．

またすでに述べた次の経験則は熱力学の基礎である．一定量の一様な物質の熱平衡状態は温度と体積，または温度と圧力を決めれば一意的に決まる[11]．温度がはっきり決まったことによって，数学的な関数形が定まった定量的な扱いが可能になる．さらに，系の状態を決める量としては状態量ならば原理的にはどの 2 つを選んでもよい．もちろんどの物理量で系を記述するかで使い勝手には雲泥の差があるので注意が必要だ．

---

[9]例題 12 では 1. だけ証明してあるが，2. の証明もほとんど同じ．
[10]この熱機関は準静的に動かさなくてはならないから，一周期を回すのに非常に長い時間がかかる．最近は，非平衡性も考慮して単位時間に取り出すことのできるエネルギーの上限は何か，という研究も行われている．
[11]相転移がある系などでは但し書きが必要になるが．

## 例題 10　状態変化の経路による仕事や吸熱量の差異

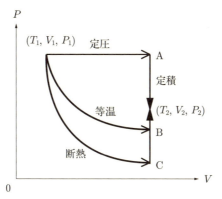

図 4.3: 状態 1 から 2 への 3 つの異なる過程を経た変化.

単原子理想気体からなる系を $1 = (T_1, V_1, P_1)$ の状態から $2 = (T_2, V_2, P_2)$ の状態へ移すのに，図 4.3 のような 3 通りの準静的過程
(a) $1 \xrightarrow{\text{定圧}} A \xrightarrow{\text{定積}} 2$ （圧力一定で加熱した後，冷却）
(b) $1 \xrightarrow{\text{等温}} B \xrightarrow{\text{定積}} 2$ （等温で膨張させた後，加熱）
(c) $1 \xrightarrow{\text{断熱}} C \xrightarrow{\text{定積}} 2$ （断熱膨張させた後，加熱）
を考える．それぞれの過程について，系が外部に対してなした仕事[12] $W$ と外部から受け取った熱量 $Q$ を求めよ．

### 考え方
$E = C_V T$ に注意し，熱力学の第 1 法則に従って，熱量と仕事の出入りを順に足し合わせていけばよい．

### ‖解答‖
(a) 気体がした仕事は
$$W = W_{1 \to A} = \int_{V_1}^{V_2} P dV = P_1(V_2 - V_1).$$
エネルギー保存則から，$E_1 + Q - W = E_2$ だから

### ワンポイント解説
・仕事は定圧で膨張するときになされる．

---
[12] ここで問われているものは内容のまとめの $W$ と符号が逆になっていることに注意.

$$Q = E_2 - E_1 + W$$
$$= \frac{3}{2}Nk_B(T_2 - T_1) + P_1(V_2 - V_1).$$

(b) 同様に
$$W = W_{1 \to B} = Nk_B T_1 \ln \frac{V_2}{V_1},$$
$$Q = \frac{3}{2}Nk_B(T_2 - T_1) + Nk_B T \ln \frac{V_2}{V_1}.$$

・仕事は等温で膨張するときになされる.

(c) 断熱膨張では熱量の流入 $Q$ はないから
$$W = E_1 - E_2 = \frac{3}{2}Nk_B(T_1 - T_C).$$

・$\Delta Q = 0$ なら, $\Delta E = -W$.

定積変化ではエネルギーの変化は熱量の出入りによる.
$$Q = E_2 - E_C = \frac{3}{2}Nk_B(T_2 - T_C).$$

・定積変化では $W = 0$.

断熱過程では $TV^{\gamma-1} = TV^{2/3} = $ 一定 だから, **C** での温度は
$$T_C = T_1 \left(\frac{V_1}{V_2}\right)^{2/3}.$$

・一般の理想気体でも $C_V$ が一定なら, $\frac{3}{2}Nk_B$ を $C_V$, 指数を $\gamma - 1 = \frac{Nk_B}{C_V}$ とすればよい.

よって
$$W = \frac{3}{2}Nk_B \left[T_1 - T_1 \left(\frac{V_1}{V_2}\right)^{2/3}\right],$$
$$Q = \frac{3}{2}Nk_B \left[T_2 - T_1 \left(\frac{V_1}{V_2}\right)^{2/3}\right].$$

$Q - W = E_2 - E_1 = \frac{3}{2}Nk_B(T_2 - T_1)$ である.

## 例題 10 の発展問題

**10-1.** 理想気体の定積変化と定圧変化について式 (4.1) に基づき，熱量 $\Delta Q$ を加えたときのエネルギー収支を勘定し，気体の受ける仕事 $\Delta W$ と温度変化 $\Delta T$ を求めよ．ただし熱容量 $C_V$ は温度によらないとする．

**10-2.** 20℃ の理想気体 1 mol を等温準静的に圧力 $P_1$ の状態から圧力 $P_2$ の状態まで膨張させる $(P_1 > P_2)$．

(a) このとき気体が外界に対してした仕事はどれだけか？

(b) 10 気圧の状態から 1 気圧の状態まで膨張させたとき，気体が外界になす仕事は何ジュールか？

(c) このとき気体には何カロリーの熱量が供給されたか？

ただし，$\ln 10 = 2.30$, $R = N_A k_B = 8.31 \, \mathrm{JK^{-1} mol^{-1}}$.

**10-3.** 熱容量 $C_V$ で温度 $T_1$，体積 $V_1$，圧力 $P_1$ の理想気体を自由膨張によって体積を $V_2$ としたところ圧力は $P_2$ となった（図 4.4）．これを定圧 $P_2$ で冷却して準静的に元の体積 $V_1$ まで圧縮したところ気体からの熱量 $Q$ が放出され，温度は $T_3$ となった．この気体を加熱して元の温度 $T_1$ に戻した．エネルギー収支から $Q$ を求め，式 (2.21) が成り立つことを示せ．

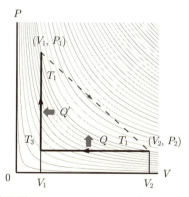

図 4.4: 自由膨張 ($\mathbf{1} \to \mathbf{2}$)，定圧圧縮 ($\mathbf{2} \to \mathbf{3}$)，定積加熱 ($\mathbf{3} \to \mathbf{1}$) からなる循環過程．

**10-4.** 内部エネルギーを圧力と体積の関数として表すことによって，熱量変化 $dE + PdV$ が全微分にならず，したがって熱量は状態量ではないことを示せ．

## 例題 11　理想気体のカルノーサイクル

理想気体のカルノー・サイクル（図 4.1, 4.2）について，等温膨張 (I) で吸収した熱量 $\Delta Q_\mathrm{I}$ と等温圧縮 (III) で放出した熱量 $-\Delta Q_\mathrm{III}$ の間に式 (4.3) の関係が成り立つことを示せ．

## 考え方

第 2，4 章で学んだ理想気体の等温変化と断熱変化で成り立つ関係式を順に書いてみればよい．

## 解答

それぞれの過程での作業物質のエネルギー $E$，仕事 $W$，熱量 $Q$ の変化をまとめると（過程 I-IV での変化を添え字で表す）

1) $(T_\mathrm{h}, V_1, P_1) \longrightarrow (T_\mathrm{h}, V_2, P_2)$：高温熱浴での等温膨張では $PV$ 一定だから

$$\frac{V_2}{V_1} = \frac{P_1}{P_2}.$$

エネルギー収支より

$$\Delta Q_\mathrm{I} = -\Delta W_\mathrm{I} = N k_\mathrm{B} T_\mathrm{h} \ln \frac{V_2}{V_1} > 0.$$

2) $(T_\mathrm{h}, V_2, P_2) \longrightarrow (T_\mathrm{c}, V_3, P_3)$：準静的断熱膨張では $VT^{\gamma-1}$ 一定だから

$$\frac{V_3}{V_2} = \left(\frac{T_\mathrm{h}}{T_\mathrm{c}}\right)^{3/2}.$$

エネルギー変化は

$$\Delta E_\mathrm{II} = \Delta W_\mathrm{II} = C_V (T_\mathrm{c} - T_\mathrm{h}) < 0.$$

3) $(T_\mathrm{c}, V_3, P_3) \longrightarrow (T_\mathrm{c}, V_4, P_4)$：低温熱浴での等温圧縮では，$PV$ 一定だから

### ワンポイント解説

・理想気体では $T$ 一定なら $\Delta E_\mathrm{I} = 0$．

・断熱変化なので $\Delta Q_\mathrm{II} = 0$．

・理想気体では $T$ 一定なら $\Delta E_\mathrm{III} = 0$．

$$\frac{V_4}{V_3} = \frac{P_3}{P_4}.$$

エネルギー収支より

$$\Delta Q_{\mathrm{III}} = -\Delta W_{\mathrm{III}} = Nk_{\mathrm{B}} T_{\mathrm{c}} \ln \frac{V_4}{V_3} < 0.$$

4) $(T_{\mathrm{c}}, V_4, P_4) \longrightarrow (T_{\mathrm{h}}, V_1, P_1)$: 準静的断熱圧縮では $VT^{\gamma-1}$ 一定だから

$$\frac{V_1}{V_4} = \left(\frac{T_{\mathrm{c}}}{T_{\mathrm{h}}}\right)^{3/2}.$$

・断熱変化なので $\Delta Q_{\mathrm{IV}} = 0$.

エネルギー変化は

$$\Delta W_{\mathrm{IV}} = \Delta U_{\mathrm{IV}} = C_V (T_{\mathrm{h}} - T_{\mathrm{c}}) > 0.$$

このとき 2), 3) での体積変化の関係から $V_3/V_2 = V_4/V_1$, つまり $V_3/V_4 = V_2/V_1$. 等温変化での $\Delta Q$ の式より

$$\frac{\Delta Q_{\mathrm{I}}}{T_{\mathrm{h}}} + \frac{\Delta Q_{\mathrm{III}}}{T_{\mathrm{c}}} = Nk_{\mathrm{B}} \ln \frac{V_2}{V_1} + Nk_{\mathrm{B}} \ln \frac{V_4}{V_3} = 0$$

が導かれる.

・$\Delta W_{\mathrm{IV}} = -\Delta W_{\mathrm{II}}$ なので，系がした全仕事は $-\Delta W$
$= -\Delta W_{\mathrm{I}} - \Delta W_{\mathrm{III}}$
$= \Delta Q_{\mathrm{I}} - |\Delta Q_{\mathrm{IV}}|$
高温熱浴から得た熱量と低温熱浴に与えた熱量の差に等しい．

### 例題 11 の発展問題

**11-1.** 室温 $27°\mathrm{C}(T_1)$ の大気 $288\,\mathrm{g}$ を体積 $V_1$ の容器に入れ，これを体積を変えずに $227°\mathrm{C}(T_2)$ に加熱する．このときどれだけの熱量が吸収されるか．高温にした空気を室温 $27°\mathrm{C}$ に戻す過程で，外にどれだけの仕事をさせることができるか．最小値 $W_{\min}$ と最大値 $W_{\max}$ を求め，それを実現する方法を述べよ．なお空気の組成は，分子数で酸素 $20\%$ と窒素 $80\%$ である．酸素も窒素も 2 原子分子で分子の軸が 2 つの方向に回転するため[13]，定積モル比熱が単原子分子よりも $R = N_A k_{\mathrm{B}}$ だけ大きい．ただし $\ln 3 = 1.099$, $\ln 5 = 1.609$, $R = 8.31 \times 10\,\mathrm{J/(mol\,K)}$.

---

[13] 対称軸の周りの回転はない！

**11-2.** 定積熱容量 $C_V$ の理想気体を作業物質として，図の **1** の状態から出発して，準静的変化による 2 つの経路で **4** の状態を得る．最初の状態 **1** では，体積 $V_1$，温度 $T_1$ であった．経路 A では，$\mathbf{1} \to \mathbf{2}$ は等温膨張，$\mathbf{2} \to \mathbf{3}$ は断熱膨張，$\mathbf{3} \to \mathbf{4}$ は等温圧縮である．経路 B では，$\mathbf{1} \to \mathbf{5}$ は定積過程，$\mathbf{5} \to \mathbf{4}$ は定圧膨張である．$\mathbf{1} \to \mathbf{2}$ で系がした仕事が $W_{12}(> 0)$，$\mathbf{2} \to \mathbf{3}$ で系がした仕事が $W_{23}(> 0)$，$\mathbf{3} \to \mathbf{4}$ で系が受けた仕事が $W_{34}(> 0)$ であった．経路 B を通って **4** の状態に至ったときの系の温度はいくらか．

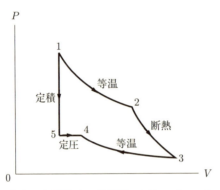

図 4.5: **1** から **4** に至る 2 つの経路，A($\mathbf{1} \to \mathbf{2} \to \mathbf{3} \to \mathbf{4}$) と B($\mathbf{1} \to \mathbf{5} \to \mathbf{4}$).

## 例題 12　いろいろなカルノー機関（カルノーサイクル）の効率

高温熱浴 $\mathbf{B}^{\text{hot}}$ と低温熱浴 $\mathbf{B}^{\text{cold}}$ の間で，理想気体でなく任意の物質を作業物質としてカルノー機関 $\mathbf{C}$ を動かすことができる．これらすべてのカルノー機関の効率が理想気体のカルノー機関 $\mathbf{C}^{\text{理想気体}}$ と同じであることを示せ．

### 考え方

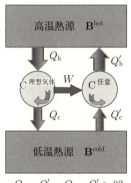 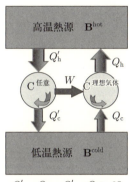

$Q_{\text{h}} - Q_{\text{h}}' = Q_{\text{c}} - Q_{\text{c}}' > 0 ?$ 　　　$Q_{\text{h}}' - Q_{\text{h}} = Q_{\text{c}}' - Q_{\text{c}} > 0 ?$

図 4.6: 同じ高温熱源（熱浴）$\mathbf{B}^{\text{hot}}$ と低温熱源（熱浴）$\mathbf{B}^{\text{cold}}$ を使って働く理想気体のカルノー機関 $\mathbf{C}^{\text{理想気体}}$ と任意のカルノー機関 $\mathbf{C}^{\text{任意}}$.

カルノー機関の本質は準静的な過程を使っているので可逆的なことである．2つの可逆熱機関を併用してみれば，両者が本質的に同じものでなくてはならないことが示せる．

### 解答

$\mathbf{C}^{\text{理想気体}}$ を使い，$\mathbf{B}^{\text{hot}}$ から熱量 $Q_{\text{h}}(>0)$ をとり，$\mathbf{B}^{\text{cold}}$ に熱量 $Q_{\text{c}}(>0)$ を渡すことによって，$W = Q_{\text{h}} - Q_{\text{c}}(>0)$ の仕事を取り出したとする．この $W$ を使って別なカルノー機関 $\mathbf{C}$ を逆向きに動かし[14]，$\mathbf{B}^{\text{cold}}$ から熱量 $Q_{\text{c}}'(>0)$ をとり，$\mathbf{B}^{\text{hot}}$ に熱量 $Q_{\text{h}}'(>0)$ を戻すことができる．ここで $Q_{\text{h}}' - Q_{\text{c}}' = W(>0)$ である．

### ワンポイント解説

→ 熱力学の第1法則より熱量差と仕事が等しい．

---

[14] 熱を仕事に変えるのを順方向，仕事をして低温から高温に熱を移すのを逆方向とする．

$Q_\mathrm{h} - Q'_\mathrm{h} = Q_\mathrm{c} - Q'_\mathrm{c}$ だが，この値はまだわからない．これが負であるとすれば，最後の状態では $\mathbf{B}^\mathrm{cold}$ から $\mathbf{B}^\mathrm{hot}$ に熱が移り，他には変化がないことになるので負ではない．そこで $Q_\mathrm{h} - Q'_\mathrm{h} = Q_\mathrm{c} - Q'_\mathrm{c}$ が正だとしてみよう．

先に $\mathbf{C}$ を順方向に動かして $W$ を取り出し，これを使って $\mathbf{C}^\text{理想気体}$ を逆方向に動かすと，先ほどとは熱の流れがすべて逆になり，$Q_\mathrm{h} - Q'_\mathrm{h} = Q_\mathrm{c} - Q'_\mathrm{c}$ が $\mathbf{B}^\mathrm{cold}$ から $\mathbf{B}^\mathrm{hot}$ に移る．これは低温から高温に熱が流れたことになってしまうので不可能である．つまり $Q_\mathrm{h} - Q'_\mathrm{h} = Q_\mathrm{c} - Q'_\mathrm{c} = 0$ でなくてはならない．したがって，どのカルノー機関を使っても，同じ仕事を取り出すには同じ熱量を移さなくてはならないことになり，効率はすべて同じである．

・誤った前提を立てて，それを否定する方法をとる．

・こんなことができるのはカルノー機関が可逆過程だからである．動かす向きを変え符号を変えても変わらない量は零だけ．

### 例題12の発展問題

**12-1.** ♡ 蒸気機関車と石炭を使った火力発電所は，同じ原理で動力を得ている．それにもかかわらず，蒸気機関車を使うより，火力発電所で生成した電気を遠くまで送電して電車を走らせるほうが効率が良い．何故だろうか？

重要度
★★★★★

# 5 エントロピー

―――《 内容のまとめ 》―――

　準静的循環過程について得られた知識を使うと，平衡状態はエントロピーという状態量をもつことがわかる．エントロピーは，一見単純な巨視系にひそむ微視的複雑さの指標で，熱力学の核心となる物理量だ．系の熱的な状態を特徴づける量として温度の代わりにエントロピーを使うことができる．

[一般の準静的循環過程]

　カルノーサイクルは $V$-$P$ 平面上で作業物質が図 4.2 のような軌跡を描く循環過程だが，もっと一般的な任意の準静的循環過程を考えよう（図 5.1(c)）[1]．太い曲線で表される循環過程 $1 \to 2 \to 3 \to 4 \to 1$ で系が外部に対してする仕事は，この軌跡に囲まれた部分の面積[2]

$$-W = \int_{1\to 2 \to 3} PdV - \int_{1 \to 4 \to 3} PdV = \oint_{1 \to 2 \to 3 \to 4 \to 1} PdV \tag{5.1}$$

で，作業物質と熱浴を合わせた系のエネルギーは $W$ だけ変化する[3]．この軌跡を小さな等温過程と断熱過程がつながったものと考えると，全体は小さなカルノーサイクルの足し合わせとして理解できる．個々の微小なサイクルについて式 (4.3) が成り立つので，図のサイクル全体についてこれを加え合わせても $\sum_i' \frac{d'Q}{T_i} = 0$，つまり無限に小さく分割した極限をとれば

---

[1] 熱平衡を保つようにゆっくりと容器の体積と熱浴の温度を制御し，図の軌跡のように圧力を変化させる．
[2] 積分記号に円をつけて，ある状態から出発し，閉じたループに沿って変化して元の状態に戻る積分を表すことにする．
[3] 作業物質のエネルギーは元に戻るが，熱浴からは $Q = W$ の熱量が失われる．

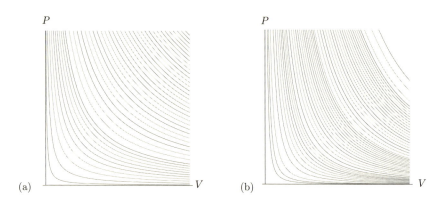

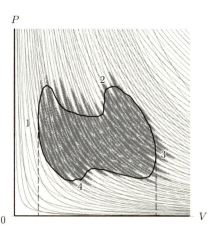

図 5.1: (a) 等温曲線群．(b) 断熱曲線群．(c) 太線の $P-V$ 面上の閉じたループをなす循環過程を等温過程と断熱過程の集まり（灰色で塗ったギザギザの過程）で近似する（描画の都合上，ひどく荒い近似にしてある）．

$$\oint \frac{d'Q}{T} = 0 \tag{5.2}$$

が成り立つ．作業物質を元に戻すのではなく，始めと終わりの状態（**1** と **2**）を定めれば，次の量が準静的変化を起こす経路によらない[4]：

---

[4]力学で仕事が移動経路によらないことからポテンシャルエネルギーを導入したのと同様．

$$S(\mathbf{1},\mathbf{2}) = \int_1^2 \frac{d'Q}{T}. \tag{5.3}$$

この量をエントロピー (entropy) と呼ぶ．そこで基準となる状態（たとえば **1** の点）のエントロピーを $S_0$ と定めれば，この作業物質のすべての平衡状態[5]のエントロピーが **1** とその点を結ぶ式 (5.3) の積分によって決まる．$S$ は状態量である．

［ふたたび熱力学第 1 法則］

熱力学の第 1 法則 (4.1) で，容器体積の準静的変化に対して仕事 $d'W$ は状態量を使って $-PdV$ と表すことができた．式 (5.3) より熱量の部分 $d'Q$ も準静的変化をたどれば $TdS$ と表すことができる[6]．

$$dE = TdS - PdV. \tag{5.4}$$

この関係を使って，いろいろな物質のエネルギー $E$ をエントロピー $S$ と体積 $V$ の関数として決めることができる．式 (5.4) は 2 変数関数 $E(S,V)$ に対する全微分の関係 (2.10) になっていることに注意すれば，温度と圧力が

$$T = \left(\frac{\partial E}{\partial S}\right)_V, \qquad P = -\left(\frac{\partial E}{\partial V}\right)_S \tag{5.5}$$

とエネルギーの偏微分係数として表されることがわかる．

いったん $E(S,V)$ が決まれば，$E$ は状態量であるから $T$，$S$，$V$，$P$ のうちの 2 つがわかれば，どのようにその平衡状態に至ったかとは無関係に **E** が定まる．実際には式 (5.4) の形から明らかなように，$E$ が $S$ と $V$ の関数としてわかっていると便利である．

［エントロピー増大の法則］

準静的過程ならば $d'Q = TdS$，$d'W = -PdV$ だが，一般には温度差や流れが発生するため不可逆となり，この関係は成り立たない[7]．系に仕事を加えても，流れが発生して摩擦によって熱に変わり，最後にはエントロピーのより

---

[5]粒子数を決めてあるので，$(P,V)$ 平面上の各点に対応する．
[6]**1** と **2** が近いとすれば，式 (5.3) は $S(\mathbf{1},\mathbf{2}) = dS = \frac{d'Q}{T}$ と書ける．
[7]エネルギーは常に保存されるが，エントロピーは刻々の平衡状態が実現される準静的過程でのみ保存される．作業物質を撹拌して温度を上昇させたり，作業物質の温度とは異なる温度の熱浴と急に接触させたりするのは不可逆過程なので全体系のエントロピーは増大する．

高い平衡状態に移る．つまり常に，流れ込んだ熱量と温度で決まる $\frac{d'Q}{T}$ より $dS$ は大きく

$$d'Q \leq TdS \tag{5.6}$$

である．

　閉じた系ではエネルギーは保存されている．この中にあるいろいろな物体（物質）は一般には平衡状態にはないから，外から何もしなければ徐々に平衡状態に向かって変化していく．この変化は非平衡不可逆過程であり，エントロピーは常に増大していく．

$$\frac{dS}{dt} \geq 0. \tag{5.7}$$

これは熱力学第2法則の別な表現で，エントロピー増大の法則という．そして行きつく先の熱平衡状態は与えられたエネルギーのもとでエントロピーが最大になる状態である．

[エントロピーの物理的意味]

　エントロピー $S$ は，$T$, $V$, $P$ と違い直接測定ができないので，なじみにくい量だ．熱力学の範囲では，熱に関係した状態量であり，準静的過程では保存され，非可逆過程では増大する量という以上のことはなかなかわからない．目に見える巨視的な世界と原子や分子の微視的な世界をつなぐ統計力学 (statistical mechanics) では，エントロピーは次のような意味をもつ．温度や体積など巨視的な変数で物質の平衡状態は1つに定まるが，原子，分子のレベルで見れば，1つの巨視的な状態に対応して原子，分子の力学的に可能な非常にたくさんの微視的に区別できる状態がある[8]．この微視的状態 (microscopic state) の数 $W$ の対数をとったものが巨視的状態 (macroscopic state) のエントロピーになる[9]：

$$S = k_\mathrm{B} \ln W. \tag{5.8}$$

---

[8] 平衡状態の気体は巨視的には全く変化がないが，分子の運動する位置や速度は刻々変化しているので，対応する微視的な状態は膨大な数のものが対応する．

[9] この $W$ は同じ記号で表されるが仕事とは全く関係がない．

この関係はボルツマン[10]が発見したものだが，微視的状態数 $W$ の正確な数え方とその意味はその後の量子力学の登場によって初めて明らかになった．

[熱力学の第3法則]

熱力学的に定義されたエントロピーは基準状態での値を勝手に設定できるが，絶対零度で零になることが経験的に知られ[11]，これを**熱力学の第3法則**(the third law of thermodynamics) と呼ぶ．量子力学では，最低エネルギーの状態はふつう1つだけ（微視的にも！）なので $W=1$ であり，絶対零度における系のエントロピーは零であることは統計力学では当然の帰結となる．

[熱力学的関数としてのエントロピー]

すでに述べたように熱平衡での物質の状態は2つの状態量を指定すれば完全に決まってしまう．$E(S,V)$ がわかれば，エントロピーをエネルギーと体積の関数として $S(E,V)$ と表すこともできる[12]．式 (5.4) から

$$dS = \frac{1}{T}(dE + PdV) \tag{5.9}$$

なので，エントロピーの微分は

$$\left(\frac{\partial S}{\partial E}\right)_V = \frac{1}{T}, \qquad \left(\frac{\partial S}{\partial V}\right)_E = \frac{P}{T} \tag{5.10}$$

となる．

[理想気体のエントロピー]

体積 $V_0$，温度 $T_0$ の基準状態のエントロピーを $S_0$ とすると，体積 $V_1$，温度 $T_1$ の状態の理想気体のエントロピーは，定積熱容量 $C_V$ が定数ならば

$$S(T_1, V_1) = S_0 + C_V \ln\left(\frac{T_1}{T_0}\right) + Nk_B \ln\left(\frac{V_1}{V_0}\right). \tag{5.11}$$

と表せる（例題13参照）．ただしこの式では基準点 $T_0$ を絶対零度に選ぶことはできない．これは絶対零度付近の低温では量子効果のために理想気体の状態

---

[10]Ludwig Eduard Boltzmann(1844-1906)．オーストリアの物理学者で統計力学の建設に最も大きな貢献をした．

[11]この法則は1906年にドイツの物理化学者ネルンスト (Walther Hermann Nernst, 1864-1941) によって発見された（1920年ノーベル化学賞）．

[12]簡単な式で書けなくても数値的には常に可能だ．

方程式 (2.15) が成立しないからである[13].

[拡散と混合エントロピー]

非可逆過程の最もわかりやすい例は，2種の理想気体の混合である．温度 $T$，圧力 $P$ で分子数 $N_1$ と $N_2$ の2種類の理想気体を，仕切りで区切られた容器に入れる．仕切りを取ると拡散によって両者は一様に混合し，温度と圧力は変わらない．このときのエントロピーの増加，混合エントロピー (entropy of mixing) は，混合気体を可逆的に元の状態に戻すことによって求められ

$$\Delta S_{混合} = -k_B \left( N_1 \ln \frac{N_1}{N_1 + N_2} + N_2 \ln \frac{N_2}{N_1 + N_2} \right) \tag{5.12}$$

となる（例題15参照）．

---

[13]熱力学が破たんするわけではない！ 実は理想気体の性質が変わってしまうのだ．

## 例題 13　理想気体のエントロピー

理想気体のエネルギー変化が $dE = C_V dT$ と書けることを使い[14]，体積 $V_0$，温度 $T_0$ の基準状態のエントロピーを $S_0$ としたときの，体積 $V_1$，温度 $T_1$ の状態の理想気体のエントロピーを求めよ．

### 考え方

理想気体に流入した熱量 $d'Q$ を体積と温度の関数として表せば，エントロピー変化 $dS$ がわかる．これを積分すればよい．

### 解答

熱力学の第1法則 (4.1) と理想気体の状態方程式 (2.15) より

$$d'Q = dE - dW$$
$$= C_V dT + P dV$$
$$= C_V dT + \frac{N k_B T}{V} dV.$$

これからエントロピーの変化は

$$dS = \frac{d'Q}{T} = C_V \frac{dT}{T} + \frac{N k_B}{V} dV.$$

これを積分して

$$S(T_1, V_1) = S_0 + C_V \int_{T_0}^{T_1} \frac{dT}{T} + \int_{V_0}^{V_1} \frac{N k_B}{V} dV$$
$$= S_0 + C_V \ln\left(\frac{T_1}{T_0}\right) + N k_B \ln\left(\frac{V_1}{V_0}\right).$$

$T$，$V$ が分離しているので，途中の温度変化と体積変化がどのようなものであっても結果に影響はない．$C_V$ が定数でなければ，第2項は $\int \frac{C_V(T)}{T} dT$ となる．

### ワンポイント解説

- この式を積分して熱量を求めようとすると，体積変化が起こる温度によって結果が変わる（熱量は状態量ではない！）．

- $T$ の関数と $V$ の関数に分かれてしまったのは理想気体の特徴．

- 理想気体でなくても，$S$ は $T_1$，$V_1$ の関数として途中の経路によらず1つに決まることは第4章で学んだ一般法則だ．

---

[14] 分子に内部自由度がなければ，$C_V = \frac{3}{2} N k_B$ で温度によらない．分子の回転や振動などの内部自由度があれば，これらの自由度にもエネルギーが分配されるので，$C_V$ は $\frac{3}{2} N k_B$ より大きな値となり，一般には温度によって変化する．

## 例題 13 の発展問題

**13-1.** 理想気体が体積 $V_1$ の状態から断熱容器中を真空中に自由膨張して，体積 $V_2$ の状態になった．温度とエントロピーはどれだけ変化したか．

**13-2.** 1分子あたりの定積熱容量が一定値 $c_V$ で，同数 $N$ 個の分子からなる温度と体積が $(T_1, V_1)$, $(T_2, V_2)$ の理想気体がある．両者を固定透熱壁を隔てて接触させ，同じ温度 $T_3$ にする．全系のエネルギーとエントロピー変化を求めよ．

**13-3.** 温度 $T_0$, 圧力 $P_0$ の理想気体 1 モルの基準状態でのエントロピーを $S_0$ としたとき，温度 $T_1$, 圧力 $P_1$ の状態でのエントロピー $S_1$ を求めよ．$C_V$ は定数としてよい．

## 例題 14　エントロピーの数値

酸素は 2 原子分子を作り，常温での定積モル比熱は $\frac{5}{2}R$ である．これを理想気体と考えて 8 g の酸素の 27℃, 1 気圧での体積 $V$ を求めよ．この気体を次の 3 つの方法で同じ温度で 2 倍の体積にする．それぞれの場合について，気体のエントロピー変化と気体が外部にした仕事 $W$ を求めよ．

(a) 等温で膨張させる．
(b) 自由膨張させる．
(c) 断熱膨張で体積を $2V$ にしたあと，ゆっくりと加熱して 27℃ に戻す．

## 考え方

エントロピーが状態量であることに注意して，温度や体積を変化させたときのエントロピー変化の公式 (5.11) を使う．また理想気体のエネルギーが温度だけで決まることとエネルギー保存の法則（熱力学の第 1 法則）を利用する．

## 解答

酸素分子 1 モルは 32 g だから気体は 0.25 モルの分子からなる．理想気体の状態方程式 (2.15) より

$$V = \frac{\bar{n}RT}{P}$$
$$= \frac{0.25 \text{ mol} \times 8.31 \text{ J/(mol K)} \times (273+27)\text{K}}{1.013 \times 10^5 \text{ Pa}}$$
$$= 6.15 \times 10^{-3} \text{ m}^3.$$

体積は 6.15 リットル（標準状態 1 mol の気体は 22.4 ℓ）．

(a) 体積変化によるエントロピーの変化は

$$\Delta S = Nk_{\text{B}} \ln \frac{2V}{V} = \bar{n}R \ln 2$$
$$= 0.25 \text{ mol} \times 8.31 \text{ J/(mol K)} \times 0.693$$
$$= 1.44 \text{ J/K}.$$

### ワンポイント解説

・O は原子番号 8, 原子量 16 だから $O_2$ の分子量は 32.

・1 気圧は 1013 ヘクトパスカル（ヘクトは 100）．

等温変化で気体がした仕事は

$$W = \Delta Q = T\Delta S = 300\,\text{K} \times 1.44\,\text{J/K} = 432\,\text{J}.$$

(b) 自由膨張では外部に仕事はしないので $W = 0$．エントロピーは状態量だから，最後の状態は A と同じなので $\Delta S = 1.44\,\text{J/K}$．

(c) 断熱膨張では熱の流入は無く．最後の状態は，A，B と同じなので，加熱によるエントロピーの増加は $\Delta S = 1.44\,\text{J/K}$．断熱膨張後の温度は，比熱比が $\gamma = \frac{7}{5}$，$TV^{\gamma-1} = $ 一定 なので

$$\begin{aligned} T &= 300\,\text{K} \left(\frac{V}{2V}\right)^{\gamma-1} \\ &= 300\,\text{K} \times 2^{-0.4} = 300\,\text{K} \times 0.759 = 227\,\text{K}. \end{aligned}$$

これを元の温度に戻すための熱量が断熱膨張のときにした仕事に等しい．温度上昇を $\Delta T$ とすれば仕事は

$$\begin{aligned} W &= C_V \Delta T \\ &= 0.25\,\text{mol} \times \frac{5}{2} \times 8.31\,\text{J/(mol\,K)} \times (300 - 227)\,\text{K} \\ &= 379\,\text{J}. \end{aligned}$$

> 温度が変わらないから気体のエネルギー変化は無く，気体に流入した熱量 $\Delta Q$ と気体が膨張の際にした仕事は等しい．

> 理想気体の自由膨張ではエネルギーが変わらないから温度も変化しない．

> $\gamma = \frac{c_V + R}{c_V}$

> これは例題 10 の結果で，$C_V = \frac{5}{2}\bar{n}R$，$\gamma - 1 = \frac{C_V}{C_P - C_V} = \frac{5}{2}$ としたものになっている．

## 例題 14 の発展問題

**14-1.** コップ 1 杯 ($180\,\text{cm}^3$) の水がある．1 気圧のもとでこれを 0℃ の氷から 100℃ の水蒸気に変化させたときのエントロピーの増加量を計算せよ．ただし，定積比熱や潜熱の値は例題 2 のものを使用せよ．

## 例題 15　混合エントロピー

温度 $T$，圧力 $P$ で分子数 $N_1$ と $N_2$ の 2 種類の理想気体 A と B がある．両者を一様に混合したときのエントロピーの増加を知りたい（混合した気体も温度 $T$，圧力 $P$ の理想気体である）．もし A 分子のみが通過できる半透隔壁 a と B 分子のみが通過できる半透隔壁 b があれば[15]，図のような仮想的な容器に入れると，外部から力を加えることなくゆっくりと 2 種の気体を分離することができる．このような過程を考察することによって混合エントロピー (5.12) を求めよ．

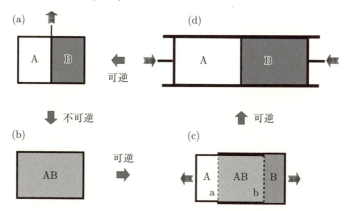

図 5.2: 2 種の理想気体の混合と分離．(a) ⇒ (b) 理想気体 A，B を容器の隔壁をとって混合させる（不可逆過程）．(b) ⇒ (c) ⇒ (d) 気体 A，B を選別する半透膜 a，b をもつ入れ子になったピストンによって両者を分離する（可逆過程）．このとき半透膜 a には右端の壁と同じように気体 B による分圧 $P_2$ が，半透膜 b には左端の壁と同じように気体 A による分圧 $P_1$ が働いている．(d) ⇒ (a) 分離して体積 $V_1 + V_2$ となっている気体のそれぞれを圧縮してはじめの状態に戻す（可逆過程）．

## 考え方

気体の混合は典型的な非可逆過程だ．混合するした後の状態から混合前の状態を準静的に実現できれば，そのときのエントロピー変化の符号を替

---

[15] ふつう分子の区別は可能と考えて扱われるが，このような半透隔壁がありうるかどうかは一考が必要．もし高速分子と低速分子が余計な仕事をすることなしに分別可能なら，ある温度の気体を高温気体と低温気体に分けられることになるが，これは第 2 法則に反する．

えたものが混合エントロピーである．

**解答**

気体 A と B の混合前の温度，圧力，体積は $T$, $P$, $V_1$ ($V_1 = \frac{N_1 k_B T}{P}$) と $T$, $P$, $V_2$ ($V_2 = \frac{N_2 k_B T}{P}$) であり，混合後は $T$, $P$, $V_1 + V_2$ である．混合気体の中で気体 A の分圧は $P_1 = P\frac{N_1}{N_1+N_2}$，気体 B の分圧は $P_2 = P\frac{N_2}{N_1+N_2}$ である．

これを可逆的に分離すると，気体 A は $(T, P_1, V_1 + V_2)$，気体 B は $(T, P_2, V_1 + V_2)$ の状態になる．分離の過程では，外からの仕事も熱の流入もないので，系のエネルギーとエントロピーは一定に保たれる．その後，それぞれの気体を体積 $V_1$ と $V_2$ まで圧縮すれば，混合前の状態が実現できる．圧縮過程でのそれぞれの気体のエントロピーの変化は

$$\Delta S_1 = k_B N_1 \ln \frac{V_1}{V_1 + V_2},$$
$$\Delta S_2 = k_B N_2 \ln \frac{V_2}{V_1 + V_2},$$

なので，この両者を加え，符号を逆にしたものが混合エントロピーである．

$$\Delta S = -k_B \left( N_1 \ln \frac{V_1}{V_1 + V_2} + N_2 \ln \frac{V_2}{V_1 + V_2} \right).$$

統計力学では，区別できる分子配置の場合の数から同じ結果が導かれる．

**ワンポイント解説**

・入れ子になったそれぞれの容器の左右の壁には，ともに片方の気体の分圧が働く．

・$T$ の関数，$V$ の関数に分かれてしまったのは理想気体の特徴．

・対数の中，$V$ の代わりに $N$ を使えば式 (5.12) となる．

## 例題 15 の発展問題

**15-1.** 赤色のビーズ 1000 個と黄色のビーズ 1000 個を混ぜたらオレンジ色に見えた．2 種の気体の混合と同じように考えられるとすれば，この混合によってエントロピーはどれだけ増えたか．

## 例題 16　黒体輻射のカルノーサイクル

あらゆる物体はその温度に応じた光を放射している．温度が高いときには青く輝き，温度が低いときも目に見えない赤外線や電波を放出している．真空に保たれたある温度の容器の内部は，その温度に応じた輻射に満ちており，黒体輻射と呼ばれる（図 5.3）．これに穴をあけて覗いて見ると，温度が低ければ電波や赤外線が主だが，高温になるとだんだんと波長の短い可視光に変わって輝きだす．

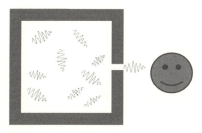

図 5.3: 真空容器に穴をあけ，そこから出てくる光を観測すれば黒体輻射のスペクトル（波長によるエネルギーの分布）がわかる．

黒体輻射のエネルギーは容器の体積 $V$ に比例し，温度 $T$ のみの関数で

$$E = \frac{4\sigma}{c} T^4 V$$

と書ける．ここで $c$ は光速度，$\sigma$ はシュテファン-ボルツマン定数と呼ばれる定数である[16]．黒体輻射は質量をもたない光の量子，光子（光量子，photon）からなる理想気体と考えることもできる（第 7 章参照）．だが光子の気体は，原子や分子と違って光子が質量をもたないため，通常の理想気体の状態方程式 (2.15) には従わず，圧力は

$$P = \frac{4\sigma}{3c} T^4 = \frac{1}{3} \frac{E}{V}$$

となって温度だけで決まる．

(a) 温度 $T$，体積 $V$ の箱中の黒体輻射のエントロピーを求め，等温過程と断熱過程が図 5.4 のようになることを確かめよ．

---

[16] $c = 3 \times 10^8$ m/s, $\sigma = 5.67 \times 10^{-8}$ J/(m² s K⁴).

(b) 図の光子気体を使ったカルノーサイクル $1 \to 2 \to 3 \to 4 \to 1$ で式 (4.3) が成り立つことを示せ.

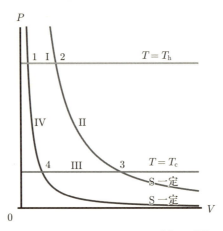

図 5.4: 黒体輻射を使ってのカルノーサイクル: $1 \xrightarrow{等温} 2 \xrightarrow{断熱} 3 \xrightarrow{等温} 4 \xrightarrow{断熱} 1$.

## 考え方

(a) 式 (5.9) を使ってエントロピー変化 $dS$ を計算し, $T$ と $V$ の関数として表してみる. (b) 例題 11 にならって計算すればよい.

## ‖解答‖

(a) エントロピーの表式 (5.9) から

$$
\begin{aligned}
dS &= \frac{1}{T}\left(dE + PdV\right) \\
&= \frac{1}{T}\frac{4\sigma}{c}\left(4T^3 V dT + T^4 dV + \frac{1}{3}T^4 dV\right) \\
&= \frac{16}{c}\sigma T^2 V dT + \frac{16}{3c}\sigma T^3 dV \\
&= d\left(\frac{16}{3c}\sigma T^3 V\right).
\end{aligned}
$$

よって $S(T, V)$ は, 熱力学の第 3 法則より $S(0, V) = 0$ とすれば

### ワンポイント解説

$T$ の微分の項と $V$ の微分の項が不思議なことに 1 つにまとまるが, これは $S$ の全微分になっているからで, その条件は $dT$ の係数を $V$ で微分したものと $dV$ の係数を $T$ で微分したものが一致すること.

$$S(T,V) = \frac{16}{3c}\sigma T^3 V.$$

(b) 等温過程では $P$ 一定．断熱過程では $T^3V$ 一定なので $PV^{4/3}$ 一定で図のような循環過程となる．高温熱浴の温度を $T_h$，低温熱浴の温度を $T_c$ とすると

$$\begin{aligned}\Delta Q_h &= \int_1^2 TdS \\ &= T_h(S(T_h, V_2) - S(T_h, V_1)) \\ &= \frac{16\sigma}{3c}T_h^4(V_2 - V_1).\end{aligned}$$

$$\Delta Q_c = \frac{16\sigma}{3c}T_c^4(V_4 - V_3).$$

ここで $T_h^3 V_2 = T_c^3 V_3$, $T_h^3 V_1 = T_c^3 V_4$ だから

$$\frac{\Delta Q_h}{T_h} + \frac{\Delta Q_c}{T_c} = \frac{16\sigma}{3c}\left(T_h^3(V_2 - V_1) + T_c^3(V_4 - V_3)\right)$$
$$= 0.$$

この循環過程でした仕事 $-\Delta W$ は

$$\begin{aligned}-\Delta W &= \Delta Q = \Delta Q_h + \Delta Q_c \\ &= \frac{16\sigma}{3c}T_h^3(T_h - T_c)(V_2 - V_1)\end{aligned}$$

に等しい．

古典的な理想気体と量子的な理想気体（光子気体）はカルノーサイクルが厳密に計算できる便利な例だ．

・$T$ 一定なら $u$ 一定で $P$ も一定．

・$\Delta Q_c \leq 0$.

・断熱変化なら $S$ 一定だから $T^3V$ が一定．

・元の状態に戻るのだからエネルギー変化はなく，した仕事は吸収した熱量に等しい．

・$T_c^3 V_{3,4} = T_h^3 V_{2,1}$.

## 例題 16 の発展問題

**16-1.** 空箱の中には黒体輻射が詰まっている．

(a) 体積 $1\,\mathrm{m}^3$，27℃ の空箱内部のエントロピーはどれだけか？

(b) 何もないように見える空っぽの宇宙空間には，宇宙開闢（かいびゃく）時の黒体輻射が宇宙膨張によって $2.7\,\mathrm{K}$ の低温になった宇宙背景輻射と呼ばれるものが満ちている．宇宙空間の体積 $1\,\mathrm{m}^3$ の黒体輻射によるエントロピーはどれだけか？

**16-2.** 例題で $\Delta W$ を直接計算し $-\Delta Q$ に等しいことを確かめよ．

**16-3.** 内部自由度のない単原子分子理想気体を使った，定圧過程 I, III, (圧力 $P_1$, $P_4$) と等温過程 II, IV (温度 $T_1$, $T_2$) からなる図 5.5 の循環過程 $1 \to 2 \to 3 \to 4 \to 1$ を考える．

(a) 系が受け取った正味の熱量 $\Delta Q$ と系がした仕事 $-\Delta W$ が等しいことを計算して確かめよ．

(b) $T_1 = 200\,\mathrm{K}$, $T_2 = 600\,\mathrm{K}$, $P_4 = 1\,\mathrm{MPa}$, $P_1 = 3\,\mathrm{MPa}$ のとき，1 mol の気体の循環過程でなされる仕事を求めよ．

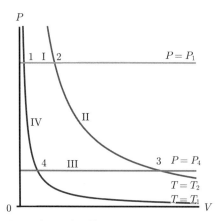

図 5.5: 定圧過程と等温過程ならなる循環過程．

# 6 いろいろな熱力学ポテンシャル

重要度 ★★★★

―――《 内容のまとめ 》―――

　物体の内部エネルギーは，熱量と仕事の出入りをエントロピーと体積の関数として表すと最も便利である．しかし現実には，系の温度や圧力を制御する場合が多いので，状況に応じて独立変数を取りかえたさまざまな熱力学ポテンシャルが使われる．その数学的方法と，各種熱力学ポテンシャルの特性をまとめる．

[ルジャンドル変換]
　独立変数の取りかえ方は次のようにする．$x$ の関数 $f(x)$ で，微分 $df$ と微分係数 $p(x) \equiv f'(x)$ との関係は

$$df = \frac{df}{dx}dx \equiv p(x)dx \tag{6.1}$$

である．ルジャンドル変換 (Legendre transformation) では，関数関係を表すのに独立変数を $x$ の代わりに $p$ にとる．図形的には，座標 $(x, f(x))$ の代わりに，接線の傾き $p$ と $y$ 切片の値の組をとることに対応する．$y$ 切片は

$$g \equiv f - xp \tag{6.2}$$

で，これは傾き $p$ の関数である．$g$ の微分をとってみると

$$dg = df - xdp - pdx = -xdp \tag{6.3}$$

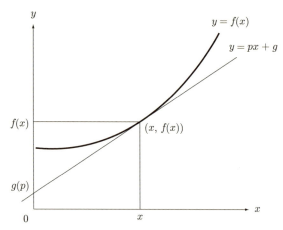

図 6.1: ルジャンドル変換のグラフでの意味: $y = f(x)$ の傾き $p$ と $y$ 切片 $g$ で関数関係を表現する.

となって $p$ を独立変数として，$f(x)$ の代わりに $g(p)$ を使うことができる[1].

ルジャンドル変換は多変数の場合にもそのまま拡張できる．2 変数関数 $f(x, y)$ では，最初に $x$ について，次いで $y$ についてルジャンドル変換を行う．$f$ の全微分は

$$df = \left(\frac{\partial f}{\partial x}\right)_y dx + \left(\frac{\partial f}{\partial y}\right)_x dy$$
$$\equiv p(x,y)dx + q(x,y)dy \qquad (6.4)$$

と表せる．そこで

$$g(p, y) \equiv f - xp, \qquad h(p, q) \equiv g - yq. \qquad (6.5)$$

とすれば，この $g$ は $p$ と $y$ の関数，$h$ は $p$ と $q$ の関数となる．$df = pdx + qdy$ より

$$dg = df - xdp - pdx = -xdp + qdy, \qquad (6.6)$$
$$dh = dg - ydq - qdy = -xdp - ydq, \qquad (6.7)$$

---

[1] $g$ が $p$ の関数であることがはっきりわかるように式 (6.2) を詳しく書くと，$x = f'^{-1}(p)$ だから，$g(p) = f(f'^{-1}(p)) - f'^{-1}(p)p$.

となって $g$ と $h$ の全微分の式が得られる.

[いろいろな熱力学ポテンシャル]

物体のエネルギー $E$ から出発してルジャンドル変換を行うと,熱に関する変数としてエントロピーと温度のどちらをとるか,仕事に関する変数として体積と圧力のどちらをとるかに応じて,4種類の**熱力学ポテンシャル**[2]が定義できる.それらの定義と微分は[3]

- 内部エネルギー (internal energy): $E(S, V)$

$$dE = TdS - PdV. \tag{6.8}$$

- エンタルピー (enthalpy):

$$H(S, P) = E + PV = E - \left(\frac{\partial E}{\partial V}\right)_S V. \tag{6.9}$$

$$dH = TdS + VdP. \tag{6.10}$$

- ヘルムホルツ自由エネルギー (Helmholtz free energy):

$$F(T, V) = E - TS = E - \left(\frac{\partial E}{\partial S}\right)_V S. \tag{6.11}$$

$$dF = -SdT - PdV. \tag{6.12}$$

- ギブス自由エネルギー (Gibbs free energy, free enthalpy):

$$G(T, P) = E - TS + PV = E - \left(\frac{\partial E}{\partial S}\right)_V S - \left(\frac{\partial E}{\partial V}\right)_S V$$

$$= F + PV = H - TS. \tag{6.13}$$

$$dG = -SdT + VdP. \tag{6.14}$$

これらの熱力学的ポテンシャルは状態量であるから,どの2つの変数の関数としても定まった値をもつが,式 (6.8), (6.10), (6.12), (6.14) の微分の関係式に現れる自然な独立変数の関数として表されているときに[4],他の変数値

---

[2]熱力学関数,特性関数とも呼ばれる.
[3]他の文字表記もある:内部エネルギー $U$,ギブス自由エネルギー $\Phi$ など.
[4]この場合に完全な熱力学関数と呼ばれる.

が簡単に導かれるので，非常に有用となる．

---

**熱力学ポテンシャルの微分形式**

$$dE = TdS - PdV$$
$$dH = TdS + VdP$$
$$dF = -SdT - PdV$$
$$dG = -SdT + VdP$$

---

[いろいろな熱力学ポテンシャルの物理的意味]
圧力一定の系に熱量 $d'Q$ を加えると $dE = d'Q - PdV$ だから

$$d'Q = dE + PdV = d(E + PV) = dH. \tag{6.15}$$

圧力一定の条件で加えた熱量はエンタルピーの上昇に等しい．

等温過程で系が外にする仕事は

$$-d'W = -dE + TdS = -d(E - TS) = -dF. \tag{6.16}$$

ヘルムホルツ自由エネルギーの減少に等しい．つまり，温度一定の条件のもとでどれだけ外部に仕事が取り出せるかは系のヘルムホルツ自由エネルギーで決まる．

体積一定の系が温度 $T$ の熱浴の中にあるとする．系に熱量 $d'Q$ が加わると，$d'Q = dE + PdV$ だが，$dV = 0$ なら式 (5.6) から $dE \leq TdS$ となり

$$d(E - TS) = dF \leq 0. \tag{6.17}$$

等温定積変化で非可逆過程が起これば，ヘルムホルツ自由エネルギー $F(T, V)$ が減少する．言いかえると，温度と体積を定めれば，ヘルムホルツ自由エネルギー $\boldsymbol{F(T, V)}$ が最小の状態が平衡状態として実現される．

同様に，圧力一定で温度 $T$ の熱浴内ならば，$d'Q = dE + PdV = d(E +$

$PV$) より

$$d(E - TS + PV) = dG \leq 0. \tag{6.18}$$

等温定圧変化で非可逆過程が起これば，ギブス自由エネルギー $G(T, P)$ が減少する．つまり，温度と圧力を定めれば，ギブス自由エネルギー **$G(T, P)$** が最小の状態が平衡状態として実現される．

[最大仕事と最少仕事]

内部は一様でなく熱平衡にもない系が温度 $T_b$，圧力 $P_b$ の熱浴と熱交換をしながら[5]変化する．このとき，外部に最大の仕事を取り出せるのは変化が無駄なく進行する可逆過程の場合である（最大仕事の原理）．

この系のエネルギーが $\Delta E$，エントロピーが $\Delta S$，体積が $\Delta V$ 変化して[6]，系に $Q$ の熱量が流入し，熱浴内での体積変化による以外に $-W$ の仕事をした（外力が系に対し $W$ の仕事をした）とする（図 6.2）．熱力学の第 1 法則から

$$Q = \Delta E + P_b \Delta V - W \tag{6.19}$$

である．熱浴の温度は一定に保たれているから，熱浴のエントロピー変化は $-\frac{Q}{T_b}$ だ[7]．エントロピー増大の法則より全系のエントロピーは減ってはならないので

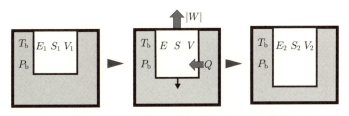

図 6.2: 熱浴の中にある系の変化と外部へ取出せる仕事 $|W|$.

---

[5] 系が一様な単成分物質なら変化のしようがないので，化学反応で組成が変わるなど他の自由度があることを想定している．

[6] 系の小さな各部分が熱平衡にあるとみなせばエントロピーは定義でき，その総和をとれば全体が平衡にない系でもエントロピーを考えられる．

[7] これを実現するには注目する系から熱が急に流れ込まないように壁の熱伝導を悪くするなどの工夫をしなければならない．熱が急に流れ込めば熱浴内に温度差ができ，そこで不可逆変化が起きて，準静的でなくなる．圧力についても同様で，熱浴の中に流れができたりしないような工夫がいる．

$$\Delta S - \frac{Q}{T_\mathrm{b}} \geq 0. \tag{6.20}$$

式 (6.19), (6.20) より

$$W \geq \Delta E - T_\mathrm{b} \Delta S + P_\mathrm{b} \Delta V \equiv W_\mathrm{min}. \tag{6.21}$$

外力によってこの変化が引き起こされたとすると，これに必要な仕事 $W$ は右辺の量 $W_\mathrm{min}$ より大きい．$W_\mathrm{min}$ を**最少仕事** (minimum work) と呼ぶ．等号が実現されるとすればそれは変化が可逆的な場合である．

逆に，この変化が外界に仕事を取り出す過程ならば，$W$ は負だから，取り出した仕事 $-W = |W|$ は

$$|W| = -W \leq -(\Delta E - T_\mathrm{b} \Delta S + P_\mathrm{b} \Delta V) \equiv W_\mathrm{max}. \tag{6.22}$$

系のこの変化によって外に引き出すことのできる仕事の最大値が $W_\mathrm{max}$ であり，**最大仕事** (maximum work) と呼ばれる．途中で系内では何が起こっていてもかまわないが，最大の仕事を得ようと思えば，系内の変化も準静的でなければならない．最大仕事と最少仕事は，1 つのことを外から仕事をして系の状態を変えたと見るか，系の状態が変化して外に仕事をしたとみるかの違いである[8]．

[マクスウェルの関係式]

熱力学ポテンシャルを，式 (6.8), (6.10), (6.12), (6.14) のように，その自然な変数の全微分として表現すると，2 階微分で 2 変数の微分の順序を入れ替えてもその値が等しいことから，物理量の微分についての自明でない関係が導かれる．たとえば $dF = -SdT - PdV$ や $dG = -SdT + VdP$ から

$$\left(\frac{\partial S}{\partial V}\right)_T = \left(\frac{\partial P}{\partial T}\right)_V, \qquad \left(\frac{\partial S}{\partial P}\right)_T = -\left(\frac{\partial V}{\partial T}\right)_P, \tag{6.23}$$

などが導かれる．これらを**マクスウェルの関係式** (Maxwell's relations) と呼ぶ．熱力学ポテンシャルを微分形式で書いたものを見れば，ほかの関係式も同じようにして導くことができる．

---

[8] 式 (6.22) の右辺のマイナス符号が気持ちが悪ければ $\Delta$ の付いた量の定義を始めの値から終わりの値を引いたものにしておけばマイナスは外せる．

[ヤコビ行列式の利用]

多変数関数の変数変換を行うときは，ヤコビの行列式[9]（ヤコビアン: Jacobian）が有用だ．2変数の場合の定義式を書いておく（3変数なら3行3列の行列式）．

$$J(x,y) = \frac{\partial(u,v)}{\partial(x,y)} = \begin{vmatrix} \frac{\partial u}{\partial x} & \frac{\partial v}{\partial x} \\ \frac{\partial u}{\partial y} & \frac{\partial v}{\partial y} \end{vmatrix}$$
$$= \frac{\partial u}{\partial x}\frac{\partial v}{\partial y} - \frac{\partial v}{\partial x}\frac{\partial u}{\partial y}. \tag{6.24}$$

ヤコビの行列式の性質をいくつか列挙しておく．

(a) 偏微分との関係は

$$\frac{\partial(u,y)}{\partial(x,y)} = \left(\frac{\partial u}{\partial x}\right)_y. \tag{6.25}$$

(b) 変数の入れ換えで符合が変わる:

$$\frac{\partial(u,v)}{\partial(x,y)} = -\frac{\partial(v,u)}{\partial(x,y)} = -\frac{\partial(u,v)}{\partial(y,x)}. \tag{6.26}$$

(c) 分数のように扱える:

$$\frac{\partial(u,v)}{\partial(x,y)} = \frac{\partial(u,v)}{\partial(s,t)}\frac{\partial(s,t)}{\partial(x,y)}. \tag{6.27}$$

(d) 逆変換のヤコビアンは逆数になる:

$$\frac{\partial(x,y)}{\partial(u,v)} = \left(\frac{\partial(u,v)}{\partial(x,y)}\right)^{-1}. \tag{6.28}$$

次の公式も役に立つ:

$$\frac{\partial(x,z)}{\partial(y,z)}\frac{\partial(y,x)}{\partial(z,x)}\frac{\partial(z,y)}{\partial(x,y)} = -1 \tag{6.29}$$

より

---

[9] 多重積分の変数変換のときに微小体積（面積）要素の比を与える量として登場した．

$$\left(\frac{\partial x}{\partial y}\right)_z = -\frac{\left(\frac{\partial z}{\partial y}\right)_x}{\left(\frac{\partial z}{\partial x}\right)_y}. \tag{6.30}$$

**[体積変化以外の仕事]**

　流体の場合の力学的な微小仕事は $d'W = -PdV$ と書けるが，仕事はこれに限らない．長さ $l$ のひも状のものを張力 $X$ で引っ張り，長さが $dl$ 伸びれば，加えられた仕事は $d'W = Xdl$ である．一般にある「力」（外場の強さを表す示強変数）$X$ を加えて，物体のこれに対応する物理量（示量変数）が $dx$ だけ変化したとすると，加えられた仕事は $Xdx$ であり，内部エネルギー $E(S,V,x)$ の変化は

$$dE = TdS - PdV + Xdx \tag{6.31}$$

となる．たとえば，磁性体では磁場（磁束密度）$\boldsymbol{B}$ をかけると磁化は $d\boldsymbol{M}$ 変化し，誘電体では電場 $\boldsymbol{E}$ をかけると分極は $d\boldsymbol{P}$ 変化し，それぞれのエネルギー変化は $\boldsymbol{B}\cdot d\boldsymbol{M}$，$\boldsymbol{E}\cdot d\boldsymbol{P}$ である．内部エネルギー (6.31) と同様に，$Xdx$ の項が加わった他の熱力学ポテンシャルも考えることができる．また系の示量変数 $x$ の代わりに力（外場）$X$ を独立変数に取った自由エネルギーも，ルジャンドル変換によって導入することができる．たとえば $\tilde{E} = E - Xx$ という量を定義すれば

$$d\tilde{E} = TdS - PdV - xdX \tag{6.32}$$

となって，新しい熱力学ポテンシャル $\tilde{E}(S,V,X)$ が得られる．

## 例題 17　エンタルピーの意味

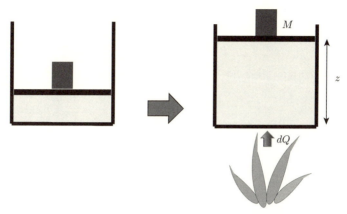

図 6.3: ピストンに重りを乗せたシリンダーを加熱する．

　図 6.3 のように，重りの乗ったピストンをもつシリンダーに気体を入れ熱を加える．重りとピストンの質量は合わせて $M$ であり，ピストンの底からの高さは $z$ である．ピストンの外側は真空とし，容器の熱エネルギーや気体の位置エネルギーは無視する．

(a) 気体とピストン（重りを含む）を合わせた系のエネルギーの変化が，気体のエンタルピーの変化と等しいことを示せ．

(b) 微小な熱量 $d'Q$ を加えて，気体の温度が $dT$ 上昇したとして，上の関係から定圧熱容量を求めよ．

(c) エネルギーの微分形式 (6.8) からエンタルピーの微分形式を導き，その結果を使って定圧熱容量をエンタルピーで表せ．

## 考え方

　気体のエネルギーとしては気体の内部エネルギー，ピストンのエネルギーとしては重力による位置エネルギーをとり，微小変化を考えればよい．

## 解答

(a) 気体の内部エネルギーを $E$ とする．ピストンのエネルギーは底に着いたときを基準にすると $Mgz$ である．この変化は

$$dE^{\text{tot}} = dE + d(Mgz) = dE + \frac{Mg}{A}d(Az).$$

気体の圧力は，ピストンの断面積を $A$ として $P = Mg/A$ と書けるので

$$dE^{\text{tot}} = dE + PdV = d(E + PV)$$

となり，エンタルピー $H = E + PV$ の変化に等しい．

(b) 気体に加えられた熱量 $d'Q$ は上の全エネルギーの変化 $dE^{\text{tot}}$ に等しいので

$$C_P = \frac{d'Q}{dT} = \frac{dE^{\text{tot}}}{dT} = \left(\frac{\partial H}{\partial T}\right)_P.$$

定圧熱容量は，圧力を一定にしたときのエンタルピーの温度による変化率である．

(c) 微分 (6.8) を使うと，$H = E + PV$ の微分は

$$\begin{aligned}dH &= dE + d(PV) \\ &= TdS - PdV + PdV + VdP \\ &= TdS + VdP.\end{aligned}$$

圧力一定だから $dH = TdS$ なので

$$C_P = \left(\frac{\partial H}{\partial T}\right)_P = T\left(\frac{\partial S}{\partial T}\right)_P.$$

**ワンポイント解説**

・圧力は一定値．

・エネルギーは他には行かない．

・式 (2.21) はこの特別に簡単な場合．

・他の熱力学ポテンシャルに対する微分形式も同じやり方で簡単に導かれる

## 例題 17 の発展問題

**17-1.** 図 6.4 のようにシリンダーが温度 $T$ の（非常に大きな）温度 $T$ の熱浴（B と記す）に接していたとする．ピストンに重りを乗せることによって気体に対し $d'W$ の仕事をしたとしよう．このとき熱浴から気体に $d'Q$ の熱量が移って，気体の温度は変わらなかった．気体のエネルギー $E$ と熱浴のエネルギー $E^{\text{tot}}$ を合わせたエネルギーの変化が気体のヘルムホルツ自由エネルギーの変化に等しいことを示せ．この結果からヘルムホルツ自由エネルギーのもつ物理的な意味を述べよ．

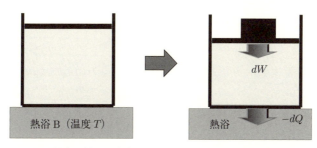

図 6.4: 熱浴に接した気体を入れたシリンダーに重りを乗せてわずかに圧縮する．

## 例題 18　理想気体での最大仕事

温度 $T_1$，圧力 $P_1$ の 1 モルの高温高圧理想気体が温度 $T_0$，圧力 $P_0$ の環境に置かれている．この環境のもとで理想気体を環境中との平衡状態にもたらす過程で外界（環境体は含まない）に取り出せる最大の仕事はいくらか？　またそれを実現する具体的な過程について仕事を計算せよ．

### 考え方

最大仕事についての表式を利用すればよい．最大の仕事を取り出すには準静的過程であれば何でもよいが，今の場合には環境の温度と圧力の条件が決まっているので，これに従わなくてはならない．

### ‖解答‖

理想気体の温度 $T_0$，圧力 $P_0$ の平衡状態と与えられた状態とのエネルギー，エントロピー，体積の差は，発展問題 13-3 などの結果を使って

$$-\Delta E = C_V(T_1 - T_0),$$
$$-\Delta S = C_P \ln\left(\frac{T_1}{T_0}\right) + R \ln\left(\frac{P_0}{P_1}\right),$$
$$-\Delta V = \frac{RT_1}{P_1} - \frac{RT_0}{P_0}.$$

これを最大仕事の公式 (6.22) に代入して

$$W_{\max} = C_V(T_1 - T_0)$$
$$- T_0 \left( C_P \ln\left(\frac{T_1}{T_0}\right) + R \ln\left(\frac{P_0}{P_1}\right) \right)$$
$$+ P_0 \left( \frac{RT_1}{P_1} - \frac{RT_0}{P_0} \right).$$

最大仕事を実現するには準静的可逆変化を使わなくてはならない．環境相の温度が与えられているので，断熱変化と等温変化を組合わせて最後に等温変化で平衡状態に行くようにすればよい．

はじめに環境体と切り離した断熱膨張で温度を $T_0$ と

### ワンポイント解説

・はじめの体積は $V_1 = \frac{RT_1}{P_1}$，最後の体積は $V_0 = \frac{RT_0}{P_0}$．

・定積で熱を流入させるようなことをすると，不可逆過程となり仕事はできずエネルギーが無駄に．

する．理想気体がする仕事は，熱の出入りがないので
$$W_1 = C_V(T_1 - T_0).$$
この結果，体積は $V_2 = V_0 \frac{P_0}{P_1} \left(\frac{T_1}{T_0}\right)^{C_P/R}$ となる．

次に環境体中の等温変化で体積を変える．この等温膨張でする仕事は，圧力が $P = \frac{RT_0}{V}$ だから
$$\begin{aligned}
W_2 &= \int_{V_2}^{V_0} \frac{RT_0}{V} dV \\
&= RT_0 \ln\left(\frac{V_0}{V_2}\right) \\
&= RT_0 \ln\left[\left(\frac{P_1}{P_0}\right)\left(\frac{T_0}{T_1}\right)^{C_P/R}\right] \\
&= RT_0 \ln\left(\frac{P_1}{P_0}\right) + C_P \ln\left(\frac{T_0}{T_1}\right).
\end{aligned}$$

理想気体がする仕事は $W_1 + W_2$ だが，理想気体の体積変化によって環境体の体積が変化した部分の仕事 $P_0 \Delta V$ は外部では利用できないので，これを差し引いたものは $W_{\max}$ と同じになる．

・このときの圧力は $P_2 = P_1 \left(\frac{T_1}{T_0}\right)^{\gamma/(1-\gamma)}$.
体積は $V_2 = \frac{RT_0}{P_2}$
$= \frac{RT_0}{P_0} \frac{P_0}{P_2} =$
$V_0 \frac{P_0}{P_1} \left(\frac{T_0}{T_1}\right)^{\gamma/(1-\gamma)} =$
$V_0 \frac{P_0}{P_1} \left(\frac{T_1}{T_0}\right)^{C_P/R}$.

→ 外部で仕事として利用できるのは環境体の圧力を越えた部分 $P - P_0$ のみだ．

### 例題 18 の発展問題

**18-1.** 摂氏 27℃，1気圧の環境の中におかれた 500 K，100 気圧の 1 モルの単原子理想気体はこの環境中でどれだけの仕事を外部にもたらすことができるか？

## 例題 19　定積熱容量と定圧熱容量

定積熱容量と定圧熱容量が，それぞれ

$$C_V = T\left(\frac{\partial S}{\partial T}\right)_V = \left(\frac{\partial E}{\partial T}\right)_V,$$

$$C_P = T\left(\frac{\partial S}{\partial T}\right)_P = \left(\frac{\partial H}{\partial T}\right)_P,$$

と書けることを示せ．また測定した熱容量 $C_V(T)$ や $C_P(T)$ からエントロピーを求める式を書け．

## 考え方

すでに出てきたものもあるが，熱容量の定義に戻り，さらにエントロピーとエネルギーやエンタルピーの関係を思い出せばよい．

## 解答

熱容量は温度を $\Delta T$ 上昇させるために必要な熱量を $\Delta Q$ とすると，$\frac{\Delta Q}{\Delta T}$ で $\Delta T \to 0$ としたものである．$d'Q = TdS$ より

$$C_V = T\left(\frac{\partial S}{\partial T}\right)_V, \quad C_P = T\left(\frac{\partial S}{\partial T}\right)_P.$$

体積一定のときは式 (6.8) で $dV = 0$ より $TdS = dE$，圧力一定のときは式 (6.10) で $dP = 0$ より $TdS = dH$ だから

$$C_V = \left(\frac{\partial E}{\partial T}\right)_V, \quad C_P = \left(\frac{\partial H}{\partial T}\right)_P.$$

エントロピーを求めるには逆に積分すればよい．

$$S(T, V) = S(T_0, V) + \int_{T_0}^{T} \frac{C_V(T')}{T'} dT'.$$

$S(T, P)$ についても $C_P(T)$ を使って同様に

$$S(T, P) = S(T_0, P) + \int_{T_0}^{T} \frac{C_P(T')}{T'} dT'.$$

これらの結果から，被積分関数が発散しないように，絶

### ワンポイント解説

- これが第 1 章，第 2 章での熱容量の定義．

- $T_0$ はエントロピーの基準となる温度．$T_0 = 0$ なら熱力学の第 3 法則から $S(T_0, V_0) = 0$．理想気体のように $C_V =$ 一定とすると積分が発散し，第 3 法則を満たせない．この問題の解決には量子力学が必要になる．

対零度ではエントロピーだけでなく熱容量も零にならなければならないことがわかる．

### 例題 19 の発展問題

**19-1.** 温度 $T_0$，体積 $V_0$ での，ある理想気体のヘルムホルツ自由エネルギーは $F_0 = F(T_0, V_0) = E_0 - T_0 S_0$ であった．一般の温度 $T$，一般の体積 $V$ での自由エネルギーを定積熱容量 $C_V(T)$ を使って表せ．

**19-2.** 前問の結果を使い，定積熱容量が温度によらない場合，理想気体のギブス自由エネルギーの温度と圧力依存性を求めよ．

## 例題 20　等温圧縮率と断熱圧縮率

等温圧縮率と断熱圧縮率をそれぞれ

$$\kappa_T \equiv -\frac{1}{V}\left(\frac{\partial V}{\partial P}\right)_T, \qquad \kappa_S \equiv -\frac{1}{V}\left(\frac{\partial V}{\partial P}\right)_S$$

とするとき[10]，次の関係が成り立つことを示せ．

$$\frac{\kappa_S}{\kappa_T} = \frac{C_V}{C_P}.$$

### 考え方

この種の問題は定義式を書いて，ヤコビアンの形で変形していくとできる場合が多い．

### 解答

$$\frac{\kappa_S}{\kappa_T} = \frac{\dfrac{1}{V}\left(\dfrac{\partial V}{\partial P}\right)_S}{\dfrac{1}{V}\left(\dfrac{\partial V}{\partial P}\right)_T} = \frac{\dfrac{\partial(V,S)}{\partial(P,S)}}{\dfrac{\partial(V,T)}{\partial(P,T)}}$$

$$= \frac{\dfrac{\partial(V,S)}{\partial(V,T)}}{\dfrac{\partial(P,S)}{\partial(P,T)}} = \frac{T\left(\dfrac{\partial S}{\partial T}\right)_V}{T\left(\dfrac{\partial S}{\partial T}\right)_P} = \frac{C_V}{C_P}.$$

力学的な量の比が熱的な量の比になっていることに注意しよう．

断熱か等温かの熱的な条件を変えたときの力学的量同士の変化率が $\kappa_S$ と $\kappa_T$，定積か定圧かの力学的条件を変えたときの熱的量同士の変化率が $C_V$, $C_P$ である．両方が交差する量として $\left(\frac{\partial V}{\partial T}\right)_P$ や $\left(\frac{\partial S}{\partial P}\right)_T$ があるが，この 2 つはマクスウェルの関係式で符号が違うだけの量だ．前者は熱膨張係数 $\alpha = \frac{1}{V}\left(\frac{\partial V}{\partial T}\right)_P$ に現れる．熱力学を使うと物理量が直接測定できる $\kappa_S$, $\kappa_T$, $C_V$, $C_P$,

### ワンポイント解説

・偏微分をヤコビアンの形に書く．

・ヤコビアンは分数のように扱える．

---

[10] 圧縮率は圧力を上げたときに体積が変化する割合で，$\frac{1}{V}$ がかかっているのは大きさによらない量にするため，マイナスは正の量にするためについている．

$\alpha$ を使って関係づけられる.

## 例題 20 の発展問題

**20-1.** 次の熱力学的関係式を導け．

(a)
$$\left(\frac{\partial S}{\partial V}\right)_T = \left(\frac{\partial P}{\partial T}\right)_V, \qquad \left(\frac{\partial S}{\partial P}\right)_T = -\left(\frac{\partial V}{\partial T}\right)_P.$$

(b)
$$\left(\frac{\partial V}{\partial P}\right)_S = -\frac{\left(\frac{\partial S}{\partial P}\right)_V}{\left(\frac{\partial S}{\partial V}\right)_P}, \qquad \left(\frac{\partial V}{\partial P}\right)_T = -\frac{\left(\frac{\partial T}{\partial P}\right)_V}{\left(\frac{\partial T}{\partial V}\right)_P}.$$

(c)
$$\left(\frac{\partial E}{\partial V}\right)_T = T\left(\frac{\partial P}{\partial T}\right)_V - P, \qquad \left(\frac{\partial H}{\partial P}\right)_T = -T\left(\frac{\partial V}{\partial T}\right)_P + V.$$

**20-2.** 定圧熱容量は $C_P = \left(\frac{d'Q}{dT}\right)_P$ である．これから
$$C_P = \left(\frac{\partial E}{\partial T}\right)_V + \left[\left(\frac{\partial E}{\partial V}\right)_T + P\right]\left(\frac{\partial V}{\partial T}\right)_P$$
と書けることを示せ．

**20-3.** 次の関係式を導け．
$$C_P = C_V - \left[\left(\frac{\partial E}{\partial P}\right)_T + P\left(\frac{\partial V}{\partial P}\right)_T\right]\left(\frac{\partial P}{\partial T}\right)_V.$$

**20-4.** 前 2 問の関係は理想気体の場合にはどうなるか．

**20-5.** 状態方程式が $P = f(V)T$ と書けるとき，エネルギーが温度のみの関数で体積によらないことを示せ．

**20-6.** 空箱の中の黒体輻射は光子気体とみなせる（例題 16）．電磁気学によると輻射の圧力 $P$ はそのエネルギー密度 $u = E/V$ の 3 分の 1 となる．$P$ も $u$ も箱の材質や体積によらない温度だけの関数である．このとき，発展問題 20-1(c) の関係を使って，$u = AT^4$（$A$ は定数）となることを示せ．

## 例題 21　ファンデルワールスの状態方程式

ファンデルワールス (Van der Waals) の状態方程式[11]

$$\left[P + \left(\frac{N}{V}\right)^2 a\right](V - Nb) = Nk_{\mathrm{B}}T$$

に従う気体がある．定積熱容量を温度によらない定数 $C_V$ として以下の問いに答えよ．

(a) $\left(\frac{\partial E}{\partial V}\right)_T$ が $a\left(\frac{N}{V}\right)^2$ となることを示せ．

(b) 定積熱容量 $C_V$ が体積によらないことを示せ．

(c) 体積と温度の関数として内部エネルギー $E(T,V)$ を求めよ．ただし基準となる体積 $V_0$，温度 $T_0$ のときの値を $E_0$ とする．

### 考え方

エネルギーや自由エネルギーが適切な独立変数の関数としてわかれば，微分することでその系の圧力と温度や体積の関係がわかる．逆に状態方程式 $P = f(T,V)$ が与えられれば，それを積分してエネルギーなどが求められる．

### 解答

(a) $E$ を $T$ と $V$ の関数とみなすと

$$\left(\frac{\partial E}{\partial V}\right)_T = T\left(\frac{\partial S}{\partial V}\right)_T - P = T\left(\frac{\partial P}{\partial T}\right)_V - P.$$

状態方程式を使って第1項を計算すると

$$\left(\frac{\partial E}{\partial V}\right)_T = \frac{Nk_{\mathrm{B}}T}{V - Nb} - P = a\left(\frac{N}{V}\right)^2.$$

(b) 前問同様，エネルギー $E$ を $T$ と $V$ の関数として表すと，上の結果から

### ワンポイント解説

・マクスウェルの関係式を使って $P$ で表す．

---

[11] ファンデルワールスが提案した，単純な分子の気体や液体のモデル状態方程式．現実物質の様子をよく表現する．理想気体の状態方程式と較べると，圧力への補正項 $n^2 a$ は分子衝突の頻度に比例した分子間引力による内部圧力の上昇を，体積への補正項 $-Nb$ は分子体積による有効体積の減少を表している．

$$\left(\frac{\partial C_V}{\partial V}\right)_T = \frac{\partial}{\partial V}\left(\frac{\partial E}{\partial T}\right)_V = \frac{\partial}{\partial T}\left(\frac{\partial E}{\partial V}\right)_T = 0.$$

・ $\frac{\partial^2 E}{\partial T \partial V} = 0$ なので温度の関数と体積の関数が分離される.

(c) 内部エネルギーを $T$ と $V$ の関数として考えると，全微分は

$$dE = \left(\frac{\partial E}{\partial T}\right)_V dT + \left(\frac{\partial E}{\partial V}\right)_T dV$$
$$= C_V(T) dT + a\left(\frac{N}{V}\right)^2 dV.$$

これを $(T_0, V_0)$ から $(T, V)$ へ積分すると

$E(T,V)$

$$= E_0 + \int_{T_0}^{T} \frac{\partial E}{\partial T}(T', V_0) dT' + \int_{V_0}^{V} \frac{\partial E}{\partial V}(T, V') dV'$$
$$= E_0 + \int_{T_0}^{T} C_V(T') dT' + \int_{V_0}^{V} \frac{aN^2}{V'^2} dV'$$
$$= E_0 + \int_{T_0}^{T} C_V(T') dT' - aN^2 \left(\frac{1}{V} - \frac{1}{V_0}\right).$$

・はじめはある特定の経路を選んだが，温度の項と体積の項は完全に分離している.

発展問題 19-1 の理想気体の場合と比べると，平均的な分子間引力による圧力補正に $V$ をかけた項が加わっている.

### 例題 21 の発展問題

**21-1.** ファンデルワールスの状態方程式に従う気体について

(a) 熱膨張係数 $\alpha$ を求めよ.

(b) 体積 $V$，温度 $T$ のときのエントロピー $S$ とヘルムホルツ自由エネルギー $F$ を求めよ. 温度 $T_0$，体積 $V_0$，のときの値を $S_0$, $F_0$ とする.

(c) 定積熱容量が温度によらない定数であるとして，体積 $V_0$ から体積 $V$ へ自由膨張させたときの温度変化を求めよ.

## 例題22　ジュール-トムソン効果

図 6.5 のように熱を通さないピストンを細孔性の断熱隔壁で仕切り，片側に圧力 $P_1$，体積 $V_1$ の気体を入れる．ピストンを $P_1$ の圧力でゆっくりと押すことによって隔壁の反対側に気体を押し出す．右側のピストンは，はじめは隔壁と接触しているが圧力 $P_2$ で気体に押し出され，左側の気体がすべて右側に移ったときには，体積が $V_2$ になる．

(a) 最初の状態のエンタルピーと最後の状態のエンタルピーが等しいことを示せ．

(b) 圧力差 $P_2 - P_1 = \Delta P\,(<0)$ が微小なとき，これが不可逆過程であることを示せ．

(c) 圧力変化による温度の変化率（ジュール-トムソン係数）$\left(\frac{\partial T}{\partial P}\right)_H$ を定圧熱容量 $C_P$，熱膨張係数 $\alpha$ と関係づけよ．

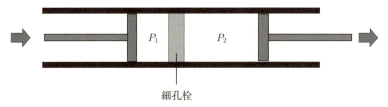

図 6.5: ジュール-トムソン効果の実験．

### 考え方

状況設定のミクロなイメージは描きにくいが，中身がわからないことにも使えるのが熱力学の強みだ．エネルギーの収支決算をきちんとやるのが基本．可逆かどうかはエントロピーの増加で判断すればよい．

### 解答

(a) 最初の気体のエネルギーを $E_1$ とすると，外界との熱の出入りはなく，左側で外から受けた仕事が $P_1V_1$，右側で外に対してした仕事が $P_2V_2$ だから，最後の状態のエネルギーは $E_2 = E_1 + P_1V_1 - P_2V_2$．
これより

### ワンポイント解説

・圧力一定でピストンを押す（押される）．

$$H_1 = E_1 + P_1V_1 = E_2 + P_2V_2 = H_2.$$

(b) エントロピーと圧力の微小変化に対してエンタルピーの変化は

$$\Delta H = T\Delta S + V\Delta P.$$

$\Delta H = 0$ とすると

$$\Delta S = -\frac{V}{T}\Delta P > 0$$

なので，不可逆過程であることを示している．

・準静的だが不可逆．

(c) 温度の変化率は式 (6.30) を使って

$$\left(\frac{\partial T}{\partial P}\right)_H = -\frac{\left(\frac{\partial H}{\partial P}\right)_T}{\left(\frac{\partial H}{\partial T}\right)_P}$$

$$= -\frac{1}{C_P}\left[T\left(\frac{\partial S}{\partial P}\right)_T + V\right]$$

$$= \frac{1}{C_P}\left[T\left(\frac{\partial V}{\partial T}\right)_P - V\right]$$

$$= \frac{V}{C_P}(T\alpha - 1).$$

・マクスウェルの関係式．
・$\alpha = \frac{1}{V}\left(\frac{\partial V}{\partial T}\right)_P$ は熱膨張率．

### 例題 22 の発展問題

**22-1.** ファンデルワールス気体の状態方程式から 1 分子あたりの体積 $v$ は

$$v = \frac{k_B T}{P} - \frac{a}{Pv} + b + \frac{ab}{Pv^2}$$

と書ける．密度が小さければ ($b \ll v$) 右辺の第 4 項は第 2 項に比べ無視できる．さらに第 2 項の $v$ を理想気体での値 $k_B T/P$ で置き換えた近似式を使って，ジュール-トムソン係数を求めよ（$C_P$ はこのままでよい）．この結果からジュール-トムソン係数の符号について何がわかるか．

**22-2.** 体積 $V$ 温度 $T$ の気体を自由膨張させ体積が $\Delta V$ 増加したときの温度変化 $\Delta T$ を熱容量，圧縮率などを使って表せ．

### 例題 23　理想的なゴム

ゴムひもを引いて長さ $l$ を一定にしたとき，温度 $T$ と張力 $X$ の関係は $X = a(l)T$ となる．ここで，$a(l)$ は $l$ で決まる正の定数である．このゴムひものエントロピー $S$ が長さ $l$ の減少関数であること，またエネルギー $E$ が長さによらない温度だけの関数であることを示せ．ただし「定長熱容量」$T(\partial S/\partial T)_l$ と「等温伸張係数」$l^{-1}(\partial l/\partial X)_T$ は必ず正である[12]．

### 考え方

長さ $l$ が通常の体積 $V$ に相当し，張力 $X$ が $-P$ に相当するので，自由エネルギーの微分は $dF = -SdT + Xdl$ と書ける．$X$ の表式から $S$ について何がわかるかを調べてみる．

### ‖解答‖

自由エネルギーと張力の関係

$$X = \left(\frac{\partial F}{\partial l}\right)_T = a(l)T$$

からエントロピーの長さによる変化は

$$\left(\frac{\partial S}{\partial l}\right)_T = -\left(\frac{\partial^2 F}{\partial T \partial l}\right)$$
$$= -\left(\frac{\partial X}{\partial T}\right)_l = -a(l) \quad < 0.$$

ワンポイント解説

・これはマクスウェルの関係式．

$S$ は長さの減少関数である．エネルギーの長さによる変化は

$$\left(\frac{\partial E}{\partial l}\right)_T = T\left(\frac{\partial S}{\partial l}\right)_T + X$$
$$= -Ta(l) + X = 0.$$

・$dF$ に対応するエネルギーの式は $dE = TdS + Xdl$

「理想ゴム」のこの性質は，理想気体のエネルギーが体積によらないことに対応している．

---

[12] 加熱すると温度が上がるという $\left(\frac{\partial S}{\partial T}\right)_l > 0$ も，引けば伸びるという $\left(\frac{\partial l}{\partial X}\right)_T > 0$ も熱力学的安定性の条件だ（第 7 章参照）．

## 例題 23 の発展問題

**23-1.** 例題のゴムひもを断熱的に引き伸ばすと温度が上昇すること，また張力を一定に保って温度を上昇させると長さが縮むことを示せ．

**23-2.** 常磁性体では温度一定の条件で磁束密度 $B$ の磁場を加えると，これに比例する $M = \chi_T B$ の磁化が生じる[13]．$\chi_T$ は温度の関数で，磁化率または帯磁率 (magnetic susceptibility) と呼ばれる．磁化のないときのヘルムホルツ自由エネルギーを $F(T, 0)$ として磁場のかかったときの自由エネルギーを磁化の関数として表せ．同様に，磁場のないときのエントロピーを $S(T, 0)$，エネルギーを $E(T, 0)$ として，磁場のあるときの関数形 $S(T, M)$，$E(T, M)$ を求めよ．

**23-3.** 結晶中の $N$ 個の原子が磁気モーメント $\mu$ をもち，相互作用が無視できるとする．この場合，磁化 $M$ は磁場中（磁束密度 $B$）での磁気エネルギー（ゼーマンエネルギー）の大きさ $\mu B$ と熱エネルギー $k_B T$ の比 $x = \frac{\mu B}{k_B T}$ だけに依存する関数となり，$M = N f(x)$ と書くことができる．

(a) エネルギーは温度だけの関数で磁化によらないことを示せ．

(b) エントロピーが，磁化 $M$ によらない温度だけのある関数 $g_1(T)$ と $x$ の関数 $g_2(x)$ の和になることを示し，$g_2(x)$ の関数形を求めよ．

(c) $g_1(T)$ が無視できるとき，強い磁場 $B_1$ を弱くして $B_2$ とすると，温度はどう変わるか．ただし外部からの熱の流入は無視できる．

---

[13] 磁化率の定義は $\chi_T \equiv \lim_{B \to 0} \left( \frac{\partial M}{\partial B} \right)_T$．

# 7 化学ポテンシャルと相平衡

重要度 ★★★

―――《 内容のまとめ 》―――

これまでは粒子数の定まった一様な系を対象にしてきたが，ここで粒子数の変化を考えよう．粒子数という示量変数と対をなす示強変数として化学ポテンシャルが導入される．すると，容器に「穴」があって粒子の出入りがある場合はもちろん，気体，液体，固体といった物質の異なる状態の間の移り変わりや化学反応も取り扱えるようになり，熱力学の適用範囲が格段に広がる．

[化学ポテンシャル]

エントロピーと体積を一定にして粒子数 $N$ を1だけ増やしたときの系のエネルギーの変化を $\mu$ と書き[1]，化学ポテンシャル (chemical potential) と呼ぶ．

$$\mu = \left(\frac{\partial E}{\partial N}\right)_{S,V} \tag{7.1}$$

つまり，エネルギー $E(S,V,N)$ の微分は

$$dE = TdS - PdV + \mu dN \tag{7.2}$$

である．式 (7.2) から他の熱力学ポテンシャルの微分について次の関係が得られる．

---

[1] もちろん十分に大きな系を考えている．

$$dS = \frac{1}{T}(dE + PdV - \mu dN) \tag{7.3}$$

$$dH = TdS + VdP + \mu dN \tag{7.4}$$

$$dF = -SdT - PdV + \mu dN \tag{7.5}$$

$$dG = -SdT + VdP + \mu dN \tag{7.6}$$

これらの式から,それぞれの熱力学ポテンシャルを,その自然な変数で微分したときに得られる物理量がわかる.たとえばギブス自由エネルギーでは

$$S = -\left(\frac{\partial G}{\partial T}\right)_{P,N}, \quad V = \left(\frac{\partial G}{\partial P}\right)_{T,N}, \quad \mu = \left(\frac{\partial G}{\partial N}\right)_{T,P} \tag{7.7}$$

などである.

[2 つの系の平衡条件]

平衡状態でエントロピーが最大になるということを使って,系が平衡になるための条件を調べよう.熱平衡にある体積一定の孤立系を 2 つの部分系 1 と 2 に分けて考える.全系のエントロピーは 2 つの部分系の和 $S = S_1 + S_2$ で,その変化は,粒子数による変化も含めて,式 (7.3) から

$$dS_1 = \frac{1}{T_1}dE_1 + \frac{P_1}{T_1}dV_1 - \frac{\mu_1}{T_1}dN_1, \tag{7.8}$$

$$dS_2 = \frac{1}{T_2}dE_2 + \frac{P_2}{T_2}dV_2 - \frac{\mu_2}{T_2}dN_2. \tag{7.9}$$

体積一定で孤立系だから全系のエネルギーと粒子数は保存され,$dE_2 = -dE_1$,$dV_2 = -dV_1$,$dN_2 = -dN_1$ である.よって

$$\begin{aligned}dS &= dS_1 + dS_2 \\ &= \left(\frac{1}{T_1} - \frac{1}{T_2}\right)dE_1 + \left(\frac{P_1}{T_1} - \frac{P_2}{T_2}\right)dV_1 - \left(\frac{\mu_1}{T_1} - \frac{\mu_2}{T_2}\right)dN_1\end{aligned} \tag{7.10}$$

となる.平衡状態では,エントロピー最大の条件 $dS = 0$ より,

$$T_1 = T_2, \qquad P_1 = P_2, \qquad \mu_1 = \mu_2 \tag{7.11}$$

である．**1**と**2**の分割の仕方は任意だから，孤立系が平衡状態にあるとき，そのどの部分をとっても，温度，圧力，化学ポテンシャルは等しい．

[化学ポテンシャルとギブス自由エネルギー]

ギブス自由エネルギーは示量変数なので，$g$をある2変数関数として$G(T, P, N) = Ng(T, P)$ という形に書ける．この微分をとれば

$$dG = \left(\frac{\partial (Ng)}{\partial T}\right)_{P,N} dT + \left(\frac{\partial (Ng)}{\partial P}\right)_{T,N} dP + g(T, P)dN. \quad (7.12)$$

これと式 (7.6) を比べて，$\mu = g(T, P) = G/N$，つまり化学ポテンシャルは1粒子あたりのギブス自由エネルギーにほかならない．

$dG = Nd\mu + \mu dN$ と式 (7.6) から

$$SdT - VdP + Nd\mu = 0. \quad (7.13)$$

これは3つの示強変数の関係を表し，ギブス-デュエムの関係 (Gibbs-Duhem relation) と呼ばれる．$N$ で割れば，1粒子あたりの量 $s$，$v$ で書いた

$$d\mu = -sdT + vdP \quad (7.14)$$

が得られる．これらの式は3つの示強変数 $T$，$P$，$\mu$ が互いに独立ではなく，2変数の変化量に対して他の1つが自動的に決まってしまうことを意味する．

[グランドポテンシャル]

体積と温度一定の系と環境の間でエネルギーと粒子の交換を許し，両者の化学ポテンシャルを等しく保つとしよう．このような系では $T$，$V$，$\mu$ を自然な独立変数とする熱力学的ポテンシャルで記述するのが便利だ．ルジャンドル変換で得られるそのような関数は

$$\Omega(T, V, \mu) = F - \mu N \quad (7.15)$$

であり，その微分は式 (7.5) の $dF$ から

$$d\Omega = -SdT - PdV - Nd\mu \quad (7.16)$$

である．$\Omega(T,V,\mu)$ はグランドポテンシャル (grand potential) と呼ばれる[2]．$F-\mu N = F-G = -PV$ だから，$\Omega$ は $-PV$ を $T$，$V$，$\mu$ の関数として表したものにほかならない．

[熱力学的安定性]

温度 $T_\mathrm{b}$，圧力 $P_\mathrm{b}$ の熱浴中にある系が安定な熱平衡にあるための条件を求めよう[3]．この系に，内部的には平衡状態を保って，熱浴とのバランスを崩すような変化が起きたとしよう．この系が安定な平衡であるためには，ギブス自由エネルギー $G = E - T_\mathrm{b}S + P_\mathrm{b}V$ が最小でなければならない．つまり

$$\delta E - T_\mathrm{b}\delta S + P_\mathrm{b}\delta V \geq 0. \tag{7.17}$$

ここで $\delta E$，$\delta S$，$\delta V$ は系内部の熱平衡での関数形 $E(S,V)$ で関係づけられている．平衡条件は微小量 $\delta S$，$\delta V$ について 1 次の変化が零であることだが，$\delta E$ の変化について，式 (5.4) を使うと $\delta E = T\delta S - P\delta V$ だから，平衡条件は

$$(T-T_\mathrm{b})\delta S - (P-P_\mathrm{b})\delta V = 0 \tag{7.18}$$

となる．ここで $T$ と $P$ は系の温度と圧力であり，式 (7.11) の結果が再現される．この熱平衡状態が安定であるためには，平衡からの任意のはずれ $\delta S$，$\delta V$ に対し 2 次の項が正，つまり

$$\frac{\partial^2 E}{\partial S^2}(\delta S)^2 + 2\frac{\partial^2 E}{\partial S \partial V}\delta S \delta V + \frac{\partial^2 E}{\partial V^2}(\delta V)^2 > 0 \tag{7.19}$$

でなければならない．常にこれが成り立つための条件は

$$\frac{\partial^2 E}{\partial S^2} > 0, \qquad \frac{\partial^2 E}{\partial V^2} > 0, \qquad \frac{\partial^2 E}{\partial S^2}\frac{\partial^2 E}{\partial V^2} - \left(\frac{\partial^2 E}{\partial S \partial V}\right)^2 > 0 \tag{7.20}$$

である．これは**定積熱容量**，**断熱圧縮率**，**等温圧縮率**が正であること，つまり

---

[2] $J$ や $\phi$ と表記されることもある．
[3] 添え字の b は，熱浴 heat bath から．

$$C_V = T\left(\frac{\partial S}{\partial T}\right)_V > 0,$$
$$\kappa_S = -\frac{1}{V}\left(\frac{\partial V}{\partial P}\right)_S > 0,$$
$$\kappa_T = -\frac{1}{V}\left(\frac{\partial V}{\partial P}\right)_T > 0 \tag{7.21}$$

を意味する（例題 24 参照）．

[クラウジウス-クラペイロンの式]

固体と液体，液体と固体，のように2つの相，(1) と (2) が共存している場合を考える．2つの相の平衡条件は

$$\mu^{(1)}(T,P) = \mu^{(2)}(T,P) \tag{7.22}$$

である．この条件を満たすのが $(T,P)$ 面上の相境界である（図 1.2 がその例）．それに沿った温度と圧力の微小変化を考えれば，相平衡が保たれるための条件 $d\mu^{(1)} = d\mu^{(2)}$ より $s, v$ を1粒子あたりのエントロピーと体積として

$$-s^{(1)}dT + v^{(1)}dP = -s^{(2)}dT + v^{(2)}dP. \tag{7.23}$$

よって，相境界にそっての温度と圧力の変化についてクラウジウス-クラペイロンの式 (Clausius-Clapeyron equation) が成立する．

$$\frac{dP}{dT} = \frac{s^{(1)} - s^{(2)}}{v^{(1)} - v^{(2)}} = \frac{S^{(1)} - S^{(2)}}{V^{(1)} - V^{(2)}}. \tag{7.24}$$

相境界の傾きは両相のエントロピーと体積のとびの比で決定される．

## 例題 24　熱力学的安定性と熱容量，圧縮率

熱力学的安定性の条件 (7.20) から，定積熱容量 $C_V$，断熱圧縮率 $\kappa_S$，等温圧縮率 $\kappa_T$ が正であることを導け．

## 考え方

定積熱容量 $C_V$，断熱圧縮率 $\kappa_S$，等温圧縮率 $\kappa_T$ の定義を書いて，2階微分の式を $T, P, S, V$ などで書いたものと比べてみればよい．式 (7.20) の第3の条件は，行列式の形であることに注意する．

## ‖解答‖

第1の条件は
$$\frac{\partial^2 E}{\partial S^2} = \left(\frac{\partial T}{\partial S}\right)_V = \frac{T}{C_V} > 0$$
であり，定積熱容量が正であることを意味する．第2の条件は
$$\frac{\partial^2 E}{\partial V^2} = -\left(\frac{\partial P}{\partial V}\right)_S = \frac{1}{V\kappa_S} > 0$$
で，断熱圧縮率が正であることを意味する．第3の条件は
$$\frac{\partial\left(\frac{\partial E}{\partial S}, \frac{\partial E}{\partial V}\right)}{\partial(S, V)} = -\frac{\partial(T, P)}{\partial(S, V)}$$
$$= -\frac{\partial(T, V)}{\partial(S, V)}\frac{\partial(T, P)}{\partial(T, V)}$$
$$= -\left(\frac{\partial T}{\partial S}\right)_V \left(\frac{\partial P}{\partial V}\right)_T$$
$$= -\frac{T}{C_V}\frac{1}{V\kappa_T} > 0$$
と書けるから，$C_V > 0$ なので，等温圧縮率 $\kappa_T$ が正であることを示している．

## ワンポイント解説

・定積熱容量は
$$C_V = T\left(\frac{\partial S}{\partial T}\right)_V.$$

・断熱圧縮率は
$$\kappa_S = -\frac{1}{V}\left(\frac{\partial V}{\partial P}\right)_S.$$

・分子，分母と共通な量をもつ $\partial(T, V)$ を挟み込む．

・等温圧縮率は
$$\kappa_T = -\frac{1}{V}\left(\frac{\partial V}{\partial P}\right)_T.$$

## 例題 24 の発展問題

**24-1.** もしこれらの熱力学的安定性を表す不等式が破れたら，どのような事態が起こるか？

## 例題 25　気体-液体の相転移

ファンデルワールスの状態方程式

$$P = \frac{Nk_\mathrm{B}T}{V-Nb} - a\left(\frac{N}{V}\right)^2$$

に従って $(V, P)$ 面上に適当な温度での等温曲線を描くと図 7.1 の曲線のようになる．体積の大きい状態は気体であり，小さい状態は液体である．体積の十分大きな気体から準静的に体積を小さくすると，ある圧力 $P_\mathrm{eq}$ で系内に液相が出現し（このときの体積は $V_\mathrm{G}$），この圧力を保ったまま液体の割合が増加し（$1 \to 3 \to 5$ と直線上を進む），全部が液体になると（このときの体積は $V_\mathrm{L}$）圧力の急激な上昇が始まる．

(a) この等温曲線で不安定な領域はどこか．
(b) 2 相共存状態の $P_\mathrm{eq}$ はどのように決まるか．図の上での幾何学的な条件として表現せよ．
(c) 共存状態（1 と 5 を結ぶ線分）でのある点 P での液体と気体の割合を求めよ．

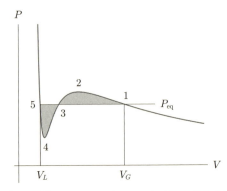

図 7.1: ある温度でのファンデルワールス状態方程式の等温曲線．

## 考え方

平衡状態で 2 相が共存する条件は，温度 $T$，圧力 $P$，化学ポテンシャル $\mu$ が等しいことだ．$T$，$P_\mathrm{eq}$ に対する $\mu$ の条件を考えればよい．

## 解答

(a) 熱力学的安定性の条件 $\left(\frac{\partial P}{\partial V}\right)_T < 0$ を満たさない $P$ が $V$ の増加関数になっている部分（2 と 4 の間）は不安定．

(b) $d\mu = -sdT - vdP$ だから等温曲線にそって体積の減少する方向に向かって積分し，

$$\begin{aligned}
\Delta\mu &= \int_{1\to 2} v(P)dP + \int_{2\to 3} v(P)dP \\
&\quad + \int_{3\to 4} v(P)dP + \int_{4\to 5} v(P)dP \\
&= \int_{P_{\text{eq}}}^{P_{\text{max}}} v_{12}(P)dP + \int_{P_{\text{max}}}^{P_{\text{eq}}} v_{23}(P)dP \\
&\quad + \int_{P_{\text{eq}}}^{P_{\text{min}}} v_{34}(P)dP + \int_{P_{\text{min}}}^{P_{\text{eq}}} v_{45}(P)dP \\
&= A_{123} - A_{345} = 0.
\end{aligned}$$

ただし $A_{123}$ と $A_{345}$ は図の 2 つの灰色領域の面積．つまり，2 相共存の圧力 $P = P_{\text{eq}}$ と状態方程式の等温曲線 $P = P(v)$ で囲まれた 2 つの領域の面積が等しい．

(c) P 点の体積を $V$，液相の分子の割合を $x$ とすると，$xV_{\text{L}} + (1-x)V_{\text{G}} = V$ より

$$x = \frac{V_{\text{G}} - V}{V_{\text{G}} - V_{\text{L}}}, \quad 1-x = \frac{V - V_{\text{L}}}{V_{\text{G}} - V_{\text{L}}}.$$

これから P 点と点 5，点 1 までの距離に，それぞれ液体 (5) と気体 (1) の分子数をかけたものが等しいことがわかる．

## ワンポイント解説

- 等温曲線にそって積分で積分変数は縦軸 $P$，被積分関数は横軸 $v$．
- $v$ の添え字は曲線の範囲．第 2 項と第 4 項は $P$ の減少する方向への積分だから逆符号．
- グラフを横から見て面積と対応づける．
- マクスウェルの構成法と呼ばれる．
- $N_{\text{L}}v_{\text{L}} + N_{\text{G}}v_{\text{G}} = V$.
- てこの規則と呼ばれる．

## 例題 25 の発展問題

**25-1.** 図 7.1 のファンデルワールス状態方程式の等温曲線は，温度の上昇とともに谷が浅くなり，ある温度 $T_c$（臨界温度と呼ばれる）で極小点 4 と極大点 2 が一致して圧力は体積の減少関数となる．この点を**臨界点** (critical point) と呼び，これ以上の温度，圧力では液体と気体の区別がなくなる（図 1.2）．
(a) 臨界点の温度 $T_c$，圧力 $P_c$，体積 $V_c$ を求めよ．
(b) 状態方程式を $t = T/T_c$, $p = P/P_c$, $v = V/V_c$ を使って書き表せ．

**25-2.** 1 気圧 $(1.013 \times 10^5\,\mathrm{Pa})$，0℃ での水の密度は $0.9998\,\mathrm{g/cm^3}$，氷の密度は $0.9167\,\mathrm{g/cm^3}$，融解の潜熱は $L_\mathrm{m} = 334\,\mathrm{kJ/kg}$ である．2 気圧にしたときの融点の変化を見積れ．

**25-3.** クラウジウス-クラペイロンの式 (7.24) で気体と固体や液体の平衡を取り扱うときは，気体の体積に比べて固体や液体の体積を無視できる場合が多い．また 1 分子あたりの蒸発熱（昇華熱）$l_v$ はあまり温度によらない．このとき，蒸気を理想気体として，ある温度 $T$ での平衡蒸気圧 $P_\mathrm{eq}$ と基準となる温度 $T_0$ での値 $P_\mathrm{eq}^0$ との関係を求めよ．

**25-4.** 水は 1 気圧 $(1.013 \times 10^5\,\mathrm{Pa})$ のとき 100℃ で沸騰し，蒸発熱は 80℃ で $l_v = 2300\,\mathrm{J/g}$ ほどである．0℃ での水の飽和蒸気圧を見積もれ．

## 例題 26　2相共存と自由エネルギー

ある一定量の物質の気体と液体のヘルムホルツ自由エネルギー $F$ をそれぞれ $F_G(T,V)$ と $F_L(T,V)$ とする．温度を定めて体積の関数としてグラフを書けば，図 7.2 の曲線のようになる[4]．両相は 1 つの曲線の体積の異なる 2 つの部分と考えてよいが，2 と 4 の間の破線の部分は不安定であり，実際には実現されないと考えられる．

(a) 安定，不安定を決める $F$ についての条件式を求めよ．またそのグラフ上の表現は何か．

(b) 2 相が共存する $F_G$ と $F_L$ についての条件式を求めよ．またそのグラフ上の表現は何か．

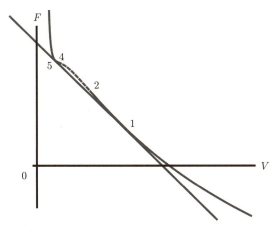

図 7.2: 気体と液体の共存する温度での体積の関数としてのヘルムホルツ自由エネルギー曲線（番号は図 7.1 と対応している）．

### 考え方

前の例題 25 と同様な内容を自由エネルギーで表現したものだ．相平衡の条件 (7.11) や安定性条件 (7.20) を具体的な式で表して，その図形的な意味を考えればよい．

---

[4] $dF = -PdV$ だから，ファンデルワールスの状態方程式から得られる $-P$ を体積について積分すればこのグラフとなる．

## 解答

(a) 安定性の条件は等温圧縮率が正であること，つまり $\kappa_T > 0$ だが，これは

$$-\left(\frac{\partial P}{\partial V}\right)_T = \left(\frac{\partial^2 F}{\partial V^2}\right)_T < 0$$

と同じこと．$F(V)$ のグラフで下に凸な部分は安定で，上に凸な部分が不安定．

(b) 2つの相の平衡条件は，圧力が等しいこと，$P_G = P_L$．これは

$$\left.\frac{\partial F_G}{\partial V}\right|_{V=V_G} = \left.\frac{\partial F_L}{\partial V}\right|_{V=V_L}$$

だから，$V = V_G$ と $V = V_L$ の点でグラフの傾きが等しい．

　もう1つの2相平衡の条件は化学ポテンシャルが等しいこと，$\mu_G = \mu_L$．これはギブス自由エネルギー $G = F + PV$ が等しいことを意味するから

$$F_G(V_G) - \left.\frac{\partial F_G}{\partial V}\right|_{V=V_G} V_G = F_L(V_L) - \left.\frac{\partial F_L}{\partial V}\right|_{V=V_L} V_L.$$

$V = V_G$ と $V = V_L$ の点でグラフの2つの接線は $y$ 切片が等しい．傾きが等しいことと合わせると，2つの点での接線は共通である．つまり，その点で共通接線をもつことが対応する2点が共存するために条件である．

## ワンポイント解説

・温度は一定としているから体積変化に関する安定性の条件．

・$y = f(x)$ のグラフで，点 $(x_0, f(x_0))$ を通るこの曲線の接線の方程式は $y - f(x_0) = f'(x_0)(x - x_0)$．この直線の $y$ 切片は，$x = 0$ とおいて，$y = f(x_0) - f'(x_0)x_0$．

### 例題26の発展問題

**26-1.** 融解や蒸発の際の潜熱 $L$ は 2 つの相 (1) と (2) のエンタルピーの差 $H^{(2)} - H^{(1)}$ に等しいことを示せ.

**26-2.** 気相中に球状液滴のある 2 相共存の平衡状態を考える. 各々の体積を $V_\mathrm{G}$, $V_\mathrm{L}$, 気体と液体の界面の面積を $A$ とする. $V_\mathrm{G} + V_\mathrm{L} = V$ は全体の体積で一定, 液体粒子数 $N_\mathrm{L}$ と気体粒子数 $N_\mathrm{G}$ の和が全粒子数 $N$ になるとする. この 2 相は, 温度と化学ポテンシャルが等しいのでグランドポテンシャル $\Omega$ を使って記述するのが便利である. 界面の効果のないときのグランドポテンシャルを $\Omega_0$, 界面の寄与を $\Omega_\mathrm{s}$ とすると

$$\Omega = \Omega_0 + \Omega_\mathrm{s} = \Omega_0 + \alpha A$$

と書けて, $\alpha$ は表面張力係数と呼ばれ温度のみの関数である[5]. 温度と化学ポテンシャルが定まった平衡状態は, グランドポテンシャルを最小にするものである.

(a) この状態では液滴内の圧力 $P_\mathrm{L}$ と気体の圧力 $P_\mathrm{G}$ は等しくない. 両者の関係を求めよ.

(b) 界面のエントロピー $S_\mathrm{s}$, ヘルムホルツ自由エネルギー $F_\mathrm{s}$, エネルギー $E_\mathrm{s}$ を求めよ.

---

[5] 2 相共存の条件から圧力は自動的に決まってしまう.

### 例題 27  黒体輻射の熱力学諸量

真空に保たれた容器の内部の黒体輻射を考える．輻射のエネルギーは容器の体積 $V$ に比例し，温度 $T$ のみの関数で，$A$ を定数として[6]

$$E = AT^4 V$$

と書ける．黒体輻射は質量をもたない光の量子，光子からなる理想気体と考えてよい．光子のエネルギーは，光の波長 $\lambda$ に反比例する．断熱変化では容器の大きさを変えると，波長は容器の差渡し $L$ とともに変化し

$$E(S\, 一定) \propto V^{-\frac{1}{3}}$$

の関係がある（$E \propto \lambda^{-1}$, $\lambda \propto L \propto V^{\frac{1}{3}}$ に注意）．

(a) 圧力 $P$ をエネルギー $E$ と体積 $V$ を使って表せ．
(b) 温度と体積の関数としてのグランドポテンシャルを求めよ．
(c) 光子の数 $N$ は，壁での放出吸収によって自由に変化しうる．体積と温度が与えられたときの光子の化学ポテンシャルを求めよ．

### 考え方

最初の式はエントロピーの関数として表されていないので，$V$ で偏微分しても圧力にはならない．圧力を求めるには第 2 の関係を使う．また，温度と体積が与えられたときに平衡状態ではヘルムホルツ自由エネルギーが最小になることに注意しよう．

### 解答

(a) 断熱変化では $B$ を定数として $E = BV^{-\frac{1}{3}}$ と書けるので

$$P = -\left(\frac{\partial E}{\partial V}\right)_S = \frac{1}{3} B V^{-\frac{4}{3}} = \frac{1}{3}\frac{E}{V}.$$

(b) $PV = \frac{1}{3}E$ だから，グランドポテンシャルは

### ワンポイント解説

・発展問題 20-6 ではこの関係を使った．

---

[6] 例題 16 で見たように $A = 4\sigma/c$.

$$\Omega = -PV = -\frac{1}{3}AT^4 V.$$

(c) 温度と体積が与えられた系では，熱平衡のときヘルムホルツ自由エネルギーが最小値をとる．粒子数の変化について $F$ が最小となる条件は

$$\left(\frac{\partial F}{\partial N}\right)_{T,V} = \mu = 0.$$

・$F$ はまだわからないが，$\mu$ は求まる．自由に生成，消滅する粒子の化学ポテンシャルは零である．

### 例題 27 の発展問題

**27-1.** 黒体輻射について次の問いに答えよ．
 (a) ヘルムホルツ自由エネルギーを求めよ．
 (b) エントロピーと熱容量[7]を求めよ．
 (c) 熱平衡にある空の容器を断熱膨張させると温度はどう変わるか？

---

[7]これは温度 $T$ の空箱の熱容量であり，真空の熱容量とも言うべきものだ．

> 重要度
> ★★★

# 8 複数の成分からなる系

―――《 内容のまとめ 》―――

　今までは1種類の粒子（分子）からなる系を扱ってきた．現実の物質は数種の粒子が混ざった多成分系である．熱力学的扱いは自由度が増えることで複雑にはなるが，興味深い多様な性質を示してくれる．考え方の出発点となるのは混合によるエントロピーの増加である．

[混合理想気体の自由エネルギー]
　2種以上の分子からなる混合物の熱力学は，混合気体や溶液，合金などの性質を考えるときに重要になる．ともに温度 $T$, 圧力 $P$ で，$N_1$ 個の A 分子からなる理想気体1と $N_2$ 個の B 分子からなる理想気体2を混合すると，そのヘルムホルツ自由エネルギーは

$$F(T, V_1 + V_2, N_1, N_2) = F_1(T, V_1, N_1) + F_2(T, V_2, N_2) - T\Delta S_{混合}. \quad (8.1)$$

と書ける（混合前の状態方程式は $PV_i = N_i k_B T$）．ただし $\Delta S_{混合}$ は混合エントロピー (5.12) で，$N$ と $V$ は比例するから

$$\Delta S_{混合} = -k_B \left( N_1 \ln \frac{V_1}{V_1 + V_2} + N_2 \ln \frac{V_2}{V_1 + V_2} \right) \quad (8.2)$$

とも書ける．理想気体のエントロピー (5.11) より，$F_1$ と $F_2$ の式にエントロピーは $-k_B T N_1 \ln V_1$, $-k_B T N_2 \ln V_2$ という形で含まれる．よって式 (8.2) を使うと，$V = V_1 + V_2$ として

$$F(T, V, N_1, N_2) = F_1(T, V, N_1) + F_2(T, V, N_2) \quad (8.3)$$

と書ける．右辺は体積 $V$ としたときの各々の成分の自由エネルギーで，対応

する圧力は各々の成分に対し，$P_1 = P\frac{V_1}{V}$, $P_2 = P\frac{V_2}{V}$ となる．$P_1$, $P_2$ は第2章に出てきた分圧で，混合気体中のA分子とB分子それぞれの圧力への寄与である．

両辺に $PV = P_1V + P_2V$ を加え，ギブス自由エネルギーに直すと

$$G(T, P, N_1, N_2) = G_1(T, P_1, N_1) + G_2(T, P_2, N_2). \tag{8.4}$$

同様に式 (8.1) の両辺に $PV = PV_1 + PV_2$ を加えると

$$G(T, P, N_1, N_2) = G_1(T, P, N_1) + G_2(T, P, N_2) - T\Delta S_{混合} \tag{8.5}$$

と混合エントロピーを使って書くこともできる．これを $N_i$ で微分し，式 (5.12) を使ってA分子とB分子の化学ポテンシャルを求めると（$G_i(T, P, N_i) = N_i \mu_i^0(T, P)$ に注意[1]）

$$\mu_i(T, P, x_i) = \mu_i^0(T, P) + k_B T \ln x_i. \tag{8.6}$$

左辺の第3変数は $x_i = \frac{N_i}{N_1+N_2}$ で，$i$ の組成比を表す．混合気体中の化学ポテンシャル $\mu_i$ は，$x_i < 1$ だから，純粋な場合の $\mu_i^0$ に比べ $k_B T |\ln x_i|$ だけ低い．

[化学平衡]

温度と圧力が一定とみなせる条件で，理想気体とみなせる4種の物質が関与する次のような化学反応を考える（$a$, $b$, $c$, $d$ は自然数[2]）．

$$a\mathrm{A} + b\mathrm{B} \rightleftharpoons c\mathrm{C} + d\mathrm{D}. \tag{8.7}$$

反応中のギブス自由エネルギーを $G(T, P, N_\mathrm{A}, N_\mathrm{B}, N_\mathrm{C}, N_\mathrm{D})$ と書く[3]．ある組成からの分子数が保存される変化，$\delta N_\mathrm{A} = a\delta\tilde{N}$, $\delta N_\mathrm{B} = b\delta\tilde{N}$, $\delta N_\mathrm{C} = -c\delta\tilde{N}$, $\delta N_\mathrm{D} = -d\delta\tilde{N}$ を考える．$\delta\tilde{N} > 0$ なら反応は左へ，$\delta\tilde{N} < 0$ なら反応は右へ進む．$G$ の変化は

---

[1]「0」を付けたのは純粋物質の場合の化学ポテンシャル．
[2] 左右それぞれ何種類でもよいが簡単のため2種についての式を書いた．
[3] 本当の熱平衡では各々の物質の割合は勝手に1つに決まってしまい制御できない．しかし仮想的に反応の速度を制御できるとして，それぞれの組成での一様に気体が混合した状態を考えるのである．

$$\frac{\delta G}{\delta \tilde{N}} = a\frac{\partial G}{\partial N_A} + b\frac{\partial G}{\partial N_B} - c\frac{\partial G}{\partial N_C} - d\frac{\partial G}{\partial N_D}$$
$$= a\mu_A + b\mu_B - c\mu_C - d\mu_D \tag{8.8}$$

となる．与えられた温度，圧力のもとで $G$ は減少するから，式 (8.8) が正ならば $\delta\tilde{N} < 0$，負ならば $\delta\tilde{N} > 0$ となる変化が起きる．$G$ が最小となる化学平衡の条件は式 (8.8) が零になること，つまり

$$a\mu_A + b\mu_B = c\mu_C + d\mu_D \tag{8.9}$$

である．各物質の化学ポテンシャルが式 (8.6) のように表せる場合には[4]，これを使って式 (8.9) を書きかえると

$$\frac{x_C^c x_D^d}{x_A^a x_B^b} = K(T, P) \tag{8.10}$$

と書け，各物質の組成比が決まる（発展問題 29-1）．理想気体の場合にはそれぞれの成分の分圧 $P_i = Px_i$ を使って書くこともできる（発展問題 29-3）．

$$\frac{P_C^c P_D^d}{P_A^a P_B^b} = K_P(T). \tag{8.11}$$

ただし $K_P(T) = P^{-a-b+c+d} K(T, P)$ である．これを**質量作用の法則** (law of mass action) と呼ぶ．ただし $K(T, P)$ は**平衡定数** (equilibrium constant) と呼ばれ

$$K(T, P) = \exp\left(-\frac{c\mu_C^0 + d\mu_D^0 - a\mu_A^0 - b\mu_B^0}{k_B T}\right) \tag{8.12}$$

である．反応にかかわる物質の数が変わっても同様な関係が成り立つ（発展問題 29-2）．

[混合物の化学ポテンシャル]

理想気体でない一般の2種混合物では，各成分の分子数を $N_1$, $N_2$ とするとギブス自由エネルギーは，温度 $T$，圧力 $P$ と $N_1$, $N_2$ の関数である．各々の成分の化学ポテンシャルは

---

[4]理想気体（稀薄な気体）や溶液中の稀薄な溶質について正しい．

$$\mu_1 = \left(\frac{\partial G}{\partial N_1}\right)_{T,P,N_2}, \qquad \mu_2 = \left(\frac{\partial G}{\partial N_2}\right)_{T,P,N_1} \qquad (8.13)$$

で定義される．このとき

$$G(T, P, N_1, N_2) = N_1 \mu_1(T, P) + N_2 \mu_2(T, P) \qquad (8.14)$$

となる（例題 29 参照）．

[ルシャトリエの原理]

　第 7 章の熱力学的安定性の条件は，一般に次のようにも表現することができる．外部からある変化を与えて系を平衡からずらすと，系内には外部からの作用の結果を弱めるような過程が進行する．これをルシャトリエの原理 (Le Chatelier's principle) と呼ぶ．気体の化学反応 (8.7) に適用すると，温度を上げると熱を吸収する方向の反応が進み，圧力を上げると分子数が減少する方向の反応が進む（$a+b$ と $c+d$ の少ない方に向かう）．

[ギブスの相律]

　多成分系の相平衡では自由度に制限がつく．化学ポテンシャル $\mu$ は $T$ と $P$ と $i$ 番目の相での $k$ 成分の相対濃度 $x_k^{(i)}$ の関数である．$K$ 種類の粒子があり，$I$ 個の相からなる平衡にある系は，独立な示強変数は[5]$(2+KI-I)$ 個ある．これに $\mu_k$ についての相平衡の条件を表す $\mu_k^{(1)} = \mu_k^{(2)} = \cdots = \mu_k^{(I)}$, ($k = 1, \cdots, K$) という $K(I-1)$ 個の連立方程式の制限がつくから，系の平衡状態で自由に変われる示強変数は $(K-I+2)$ 個である．このことはギブスの相律 (Gibbs' phase rule) と呼ばれる．

$$f = K - I + 2 \qquad (8.15)$$

を熱力学的自由度と呼び，成分数 $K$ と共存相の数 $I$ を与えたとき，その状態での自由度（変化しうるパラメタの数）を与える．$f$ は零または正だから

$$I \leq K + 2 \qquad (8.16)$$

---

[5] $T$, $P$, $x_1^{(1)}$, $\cdots$, $x_K^{(I)}$ の $(2+KI)$ 個の示強変数があるが，$\sum_{k=1}^{K} x_k^{(i)} = 1$ という $I$ 個の条件があるから独立な変数の数は $2 + KI - I$.

でなければならない．単成分系 $K=1$ なら $I \leq 3$，つまり3つの相の共存が可能である．$I=3$ のときは自由度 $f=0$，つまり3相の共存は三重点一点のみであり，$I=2$ のときは自由度 $f=1$，つまり2相の共存は境界線となる（図1.2）．$I=1$ のとき，つまり単一の相では自由度 $f=2$ で，温度も圧力も自由に変化させられる．

## 例題 28　不揮発性用溶質による飽和蒸気圧の降下

温度 $T$, 圧力 $P$ の溶液で, 各成分の化学ポテンシャルが理想気体と同じように（ここでは 2 成分とする）

$$\mu_i = \mu_i^0 + k_B T \ln x_i \qquad i = 1, 2$$

と表せるものを理想溶液と呼ぶ[6]. ただし $x_i = N_i/(N_1 + N_2)$ である. 多くの溶液で一方の濃度が小さいとき（稀薄溶液）には, 理想溶液であるかのように扱うことができる. 稀薄な成分 2 が不揮発性（気相中にはほとんどない）の場合, 平衡蒸気圧は純粋物質と較べると $x_2$ に比例して低下していることを示せ.

### 考え方

純粋物質と混合物の場合について, 液体と気体の平衡条件を書き下して比較すればよい. また微小量については近似式を活用する.

### ‖解答‖

純粋物質 $(x_2 = 0)$ の場合と溶液の場合の各々について, 成分 1 に対する平衡条件を書く. 純粋物質での平衡蒸気圧を $P_{eq}^0$, 稀薄溶液での平衡蒸気圧を $P_{eq}$ として気体と液体を添え字 G と L で区別して表すと

$$\mu_G(T, P_{eq}^0) = \mu_L^0(T, P_{eq}^0),$$
$$\mu_G(T, P_{eq}) = \mu_L^0(T, P_{eq}) + k_B T \ln(1 - x_2)$$
$$\approx \mu_L^0(T, P_{eq}) - k_B T x_2.$$

下の式から上の式を差し引くと, 1 分子あたりの体積 $v$ を使って式 (7.14) より

$$v_G(P_{eq} - P_{eq}^0) = v_L(P_{eq} - P_{eq}^0) - k_B T x_2.$$

よって溶液と純粋物質の平衡蒸気圧の関係は

### ワンポイント解説

- $x_1 = 1 - x_2$.
- $\ln(1 - x_2) \approx -x_2$.
- $P_{eq}$ と $P_{eq}^0$ の差は小さいので, それぞれの相での圧力差による化学ポテンシャル変化 $d\mu = v dP$ は
$\mu(T, P_{eq}) \approx \mu(T, P_{eq}^0) + v(P_{eq} - P_{eq}^0)$.

---

[6] 理想溶液でなければこの式は近似式である. 一般には第 2 項を $\ln x_i$ の代わりに $\ln a_i(T, P)$ と表して $a_i(T, P)$ を溶質の活動度（あるいは活量, activity）と呼ぶ.

$$P_{\text{eq}} = P_{\text{eq}}^0 - \frac{k_B T x_2}{v_G - v_L}$$
$$\approx P_{\text{eq}}^0 - \frac{k_B T x_2}{v_G}$$
$$= (1 - x_2) P_{\text{eq}}^0.$$

ここで $v_G = k_B T/P$ を使った．溶液の蒸気圧は，溶解している不揮発性溶質の濃度の割合で低下する[7]．

→ 溶質の種類によらないことに注意しよう．

### 例題 28 の発展問題

**28-1.** 溶質のモル濃度 $x_2$ の希薄溶液があり，溶質2は溶媒1の固体にモル濃度で $kx_2$ だけ溶け込む（$k(<1)$ は平衡分配係数 (equilibrium distribution coefficient) と呼ばれる）．溶質濃度 $x_2$ の溶液の凝固点 $T_{\text{eq}}$ と純粋物質1の凝固点 (融点)$T_{\text{eq}}^0$ をこの物質の融解潜熱 $l_m$ によって関係づけよ．

**28-2.** 水 $180\,\text{cm}^3$ に食塩 $5.85\,\text{g}$ を溶かした溶液がある．20℃ での水の蒸気圧は $23\,\text{hPa}$，融解の潜熱は $334\,\text{J/g}$ である．この温度での溶液の蒸気圧降下の大きさ $\Delta P_{\text{eq}}$ と1気圧での氷点降下の大きさ $\Delta T_m$ を見積もれ．ただし，各原子の原子量はそれぞれ H は 1.0，O は 16.0，Na は 23.0，Cl は 35.5 で，食塩はほとんど蒸発せず，水中でほぼ完全に $\text{Na}^+$ と $\text{Cl}^-$ とに解離し，氷にはほとんど溶け込まない．

---

[7] ラウール (Raoult) の法則．

## 例題 29　混合物の化学ポテンシャルとギブス自由エネルギー

理想気体に限らない一般の混合物での化学ポテンシャル $\mu_1$, $\mu_2$ とギブス自由エネルギー $G$ の関係を示せ．

### 考え方

ギブス自由エネルギー $G(T, P, N_1, N_2)$ が示量変数であること（$G$ が体系の大きさに比例すること）を利用する．

### ‖解答‖

$G(T, P, N_1, N_2)$ は示量変数だから，同じ温度，圧力のもとで体系の大きさ，つまりそれぞれの成分の粒子数を $\alpha$ 倍にすれば $G$ も $\alpha$ 倍になる．つまり
$$G(T, P, \alpha N_1, \alpha N_2) = \alpha G(T, P, N_1, N_2).$$
この式を $\alpha$ で微分すると
$$N_1 \frac{\partial G(T, P, \alpha N_1, \alpha N_2)}{\partial (\alpha N_1)} + N_2 \frac{\partial G(T, P, \alpha N_1, \alpha N_2)}{\partial (\alpha N_2)}$$
$$= G(T, P, N_1, N_2).$$
ここで $\mu$ の定義 (8.13) を使い，$\alpha = 1$ とすると式 (8.14) が得られる．

**ワンポイント解説**

・$T$, $P$ は示強変数だから体系の大きさによらない．

・よく使われる数学的技法なので覚えておこう．

### 例題 29 の発展問題

**29-1.** 質量作用の法則の式，式 (8.10)，(8.12) を導け．

**29-2.** 質量作用の法則 (8.10) を一般的な場合について記せ．

**29-3.** 気体の分圧についての質量作用の法則の式 (8.11) を導け．

**29-4.** 気体の水素は金属に水素原子となって吸収される．金属と水素気体が平衡にある系は 2 成分の 2 つの相の平衡状態とみなせる．

(a) この系の熱力学的自由度はどれだけか．

(b) 気体の圧力と吸収量との間にはどのような関係が期待されるか．
　　ただし，気体は理想気体と考えてよく，金属中に溶解した水素は希薄溶液中の溶質のようにみなせ，化学ポテンシャルは温度と濃度 $c_H$ だけで決まると考えてよいとする．

## 例題 30　理想気体混合物としてのプラズマ

熱容量 $c_V$, $c_P$ が温度によらない定数とみなせる理想気体の場合には，化学ポテンシャルは次のような形に書ける

$$\mu = \epsilon^0 - c_P T \ln T + k_B T \ln P - k_B T \zeta.$$

ここで $\epsilon^0$ は粒子固有のエネルギーに関係した定数，$\zeta$ は化学定数と呼ばれる定数で，ともに熱力学では決定できないが，原子レベルの知識と統計力学によって計算することができる．

中性水素原子 (hydrogen)H は高温，低圧で正電荷をもつ陽子 (proton)p と負電荷をもつ電子 (electron) を e に解離する．水素全体のうち，解離した原子の割合 $x$ を温度と圧力の関数として求めよ．このとき，$\epsilon_I = \epsilon_p^0 + \epsilon_e^0 - \epsilon_H^0$ は水素原子 1 個を電離するのに必要なエネルギーである．

### 考え方

陽子，電子（と中性水素原子）からなる気体状態をプラズマ (plasma) という．プラズマを混合理想気体とみなし，化学反応のように扱って平衡状態での組成を求めればよい．

### 解答

水素原子，陽子，電子の反応式は

$$H \rightleftharpoons p + e.$$

化学平衡の条件は

$$\mu_H = \mu_p + \mu_e.$$

である．それぞれの成分の組成比に対して

$$\frac{x_p x_e}{x_H} = \exp\left(-\frac{\mu_p^0 + \mu_e^0 - \mu_H^0}{k_B T}\right)$$

である．それぞれの組成比と電離度（原子総数のうちで電離したものの割合）との関係は

### ワンポイント解説

・p を $H^+$ と書いてもよい．

・組成比は $x_H = \frac{N_H}{N_H + N_p + N_e}$ など．

・電離度は $x = \frac{N_p}{N_H + N_p}$.

例題 30　理想気体混合物としてのプラズマ　127

$$x_\mathrm{p} = x_\mathrm{e} = \frac{N_\mathrm{p}}{N_\mathrm{H} + N_\mathrm{p} + N_\mathrm{e}} = \frac{x}{1+x},$$
$$x_\mathrm{H} = \frac{N_\mathrm{H}}{N_\mathrm{H} + N_\mathrm{p} + N_\mathrm{e}} = \frac{1-x}{1+x}.$$

化学ポテンシャルの表式を代入して

$$\frac{x_\mathrm{p} x_\mathrm{e}}{x_\mathrm{H}} = \frac{x^2}{1-x^2}$$
$$= e^{-\frac{\epsilon_\mathrm{p}^0}{k_\mathrm{B}T}} e^{-\frac{\epsilon_\mathrm{e}^0}{k_\mathrm{B}T}} \times e^{\frac{\epsilon_\mathrm{H}^0}{k_\mathrm{B}T}}$$
$$e^{\left(\frac{c_P}{k_\mathrm{B}} \ln T - \ln P + \zeta_\mathrm{p} + \zeta_\mathrm{e} - \zeta_\mathrm{H}\right)}$$
$$= e^{-\frac{\epsilon_\mathrm{I}}{k_\mathrm{B}T}} \frac{T^{\frac{5}{2}}}{P} e^{\zeta_\mathrm{p} + \zeta_\mathrm{e} - \zeta_\mathrm{H}}.$$

この式の右辺を $A$ と書くと、電離度は

$$x = \sqrt{\frac{A}{1+A}}$$

と表され、これが求める式[8]である．

さらに進んで、統計力学から得られる化学定数を使って $A$ を書きかえると[9]

$$A = 4e^{-\frac{\epsilon_\mathrm{I}}{k_\mathrm{B}T}} \frac{T^{\frac{5}{2}}}{P} \left(\frac{2\pi m_\mathrm{e} k_\mathrm{B}}{h^2}\right)^{3/2} k_\mathrm{B}$$
$$= 4e^{-\frac{\epsilon_\mathrm{I}}{k_\mathrm{B}T}} \frac{V}{N} \left(\frac{2\pi m_\mathrm{e} k_\mathrm{B} T}{h^2}\right)^{3/2}.$$

温度が低ければもちろん電離度は小さいが、体積さえ大きければ電離度は大きくなる．水素の電離エネルギーは 13.6 eV で温度に換算すると 10 万度以上なので簡単には電離しない．

→ 単原子分子や陽子，電子の定圧比熱は $c_P = c_{P_\mathrm{H}} = c_{P_\mathrm{p}} = c_{P_\mathrm{e}} = \frac{5}{2}k_\mathrm{B}$．

→ 熱力学では化学定数は実験的に決めるしかない．この式がプランク定数 $h$ を含んでいることは，量子力学を使った原子の構造についての知識が必要なことを示している．

→ 宇宙空間では温度は電離エネルギーに比べて十分低くても，密度が非常に小さいため電離が進んでいる．

---

[8] サハの電離式と呼ばれる．
[9] 化学定数の分子論的表式は $\zeta = \ln\left[g\left(\frac{2\pi m k_\mathrm{B}}{h^2}\right)^{3/2} k_\mathrm{B}\right]$ である．ここで $g$ はそれぞれの粒子のエネルギーが一番低い状態が何通りあるかという数で，$g_\mathrm{H} = 1$, $g_\mathrm{p} = g_\mathrm{e} = 2$ だ．$h = 6.626 \times 10^{-34}$ Js はプランク定数と呼ばれる量子力学に現れる定数である．各粒子の $\zeta$ を代入すると化学定数を含んだ項は $4\left(\frac{2\pi m_\mathrm{p} m_\mathrm{e} k_\mathrm{B}}{m_\mathrm{H} h^2}\right)^{3/2} k_\mathrm{B}$．電子は陽子に比べて非常に軽いので $m_\mathrm{H} \approx m_\mathrm{p}$ として，結局 $4\left(\frac{2\pi m_\mathrm{e} k_\mathrm{B}}{h^2}\right)^{3/2} k_\mathrm{B}$ となる．

## 例題 30 の発展問題

**30-1.** 適当な触媒と温度，圧力の条件下では気体の水素と窒素は反応し，アンモニアの気体となる．つまり次の平衡が成り立つ．

$$N_2 + 3H_2 \rightleftharpoons 2NH_3.$$

ただしこの反応でアンモニア生成の際 92.4 kJ/mol の熱が放出される．

(a) 平衡状態にある気体の温度や圧力を変化させるとアンモニア量はどう変わるか．

(b) この場合平衡定数 $K_P(T)$ の式を書け．

(c) この反応は気体の分圧について，1 気圧（約 $10^5$ Pa），500℃ での平衡定数は $1.5 \times 10^{-15}$ Pa$^{-2}$ である．1 気圧近くでのアンモニアの割合はどれほどか．

(d) アンモニアの合成は鉄などを触媒として，500℃，20 MP といった高温高圧で行われる．この圧力でのアンモニアの割合はどれほどか（有効数字 2 桁）．

重要度 ★

# A 付録 参考文献

　この演習書を書くことになって，いくつかの熱力学の本を眺めてみた（もちろん全部ではないが，読みもした）．その中から比較的新しい本を中心に，目についたものをいくつか参考図書として紹介しよう．
　入門書として
　白井光雲：**現代の熱力学**　共立出版（2011 年）
熱力学は，物理学の基本的な分野の 1 つだが，広い分野の人たちが使う道具でもある．首を傾げるところもないではないが，数値を入れた豊富な工学的具体例で熱力学を身近に感じさせてくれる．
　菊川芳夫：**熱力学**　講談社　基礎物理学シリーズ 3（2010 年）
熱力学は最初が抽象的で取りつきにくい．この本はシンプルな具体例がいろいろあげてあり，その壁を乗り越えやすくしてあるのが特長．
　松下貢：**物理学講義　熱力学**　裳華房（2009 年）
展開部は少しものたりないが，基礎的な部分の説明が丁寧で親しみやすい．
　演習書も本書を含めいろいろ出ているが，何といっても本家は
　久保亮五ほか：**大学演習　熱学・統計力学**　裳華房（初版 1961 年，修訂版 1998 年）
だろう．古い本だが，熱力学と統計力学の演習問題はたいていこの本に載っている．解答も詳しく標準的な演習書と言ってよい．熱力学，統計力学の基本的内容をハンドブックのようにまとめであり，座右の書として最適である．ただし分厚いし，解説は詳細だが必ずしもわかりやすいというわけではない．
　熱力学は独立した閉じた学問体系だが，統計力学を知らずして本当の理解は無いと思う．ここは統計力学の本を紹介する場ではないので，巨視的なものがどのように原子レベルとつながるかについて面白く学べる本をいくつかあげておく．

朝永振一郎：物理学とはなんだろうか（上，下）　岩波新書（1979年）
著者は日本で2番目のノーベル物理学賞受賞者だ．力学，熱力学，近代原子論の発展の歴史をたどりながら「物理学とはなんだろうか」と考えていく．

ファインマン，レイトン，サンズ：ファインマン物理学 II -光，熱，波動-　富山小太郎訳，岩波書店（1968年）
朝永と一緒にノーベル賞を受けたファインマンの講義録の一部である．一番面白い物理学の教科書は何かと聞かれたら，私は躊躇なく全5巻のこの講義録を選ぶ[1]．系統的な教科書ではないが，古い本にもかかわらず当時の最新の科学の成果が紹介されていて，物理以外の分野とのつながりもわかる．また，物理では近年の研究の進展につながる話題もいろいろ入っている．

物理法則は経験から導かれたものだが，経験を整理したのとは少し違う．数学と似たところがあり，ごくわずかの最も基本的な法則（原理）をもとに，それから演繹する形で説明するのが最もすっきりしたやり方だ．初学者にはあまり勧められないが，現代的な視点から熱力学の構造と論理を説明した本として，次の2つをあげておく．抽象的思考法の訓練と覚悟してして読んでみるとおもしろくてためになるはずだ．

田崎晴明：熱力学—現代的な視点から　培風館（新物理学シリーズ，2000年）

清水明：熱力学の基礎　東京大学出版会（2007年）
とくに後者は誤解しやすい落とし穴についての説明が詳しく教育的である[2]．いずれも物理学科の学生向き．

---

[1] もちろん個々の分野ではいろいろあるだろうが，物理全体のというと対抗馬はあまりないのではないか．
[2] そのため厚い本になっていて読み切れない（？）

## B 発展問題の解答

重要度 ★

### 1 章の発展問題

**1-1.**

最終温度を $x$℃ として，例題と対応する熱量保存の式を書くと

$$(672 + 45.6) \text{ J/K} \times (x - 22.0) \text{ K} = 0.24 \text{ J/(g K)} \times 150 \text{ g} \times (100 - x) \text{ K}.$$

これを解いて $x = 25.7$，最終温度は 25.7 K である．

**1-2.**

モル比熱は，$c^{\text{Au}} = 25.4$ J/(mol K)，$c^{\text{Ag}} = 25.5$ J/(mol K)，$c^{\text{Cu}} = 24.5$ J/(mol K)，$c^{\text{Al}} = 24.3$ J/(mol K) とほぼ同じ値となる．実はこれは気体定数 $R = 8.314$ J/(mol K) の 3 倍の 24.9 J/(mol K) に近い．比較的高温（絶対零度から見ると室温も高温とみなせる）での固体元素のモル比熱が $c = 3R$ となることをデュロン-プティの法則と呼ぶ[1]．

**2-1.**

銅球のはじめの温度を $x$℃ とする．容器と水の得た熱量と銅球の失った熱量を等置すると

$$(385 \text{ J/(kg K)} \times 0.2 \text{ kg} + 4180 \text{ J/(kg K)} \times 0.3 \text{ kg}) \times (100 - 20) \text{ K}$$
$$+ 2256 \times 10^3 \text{ J/kg} \times 0.005 \text{ kg}$$
$$= 385 \text{ J/(kg K)} \times 0.5 \text{ kg} \times (x - 100) \text{ K}.$$

これを解いて $x = 612$℃．

**2-2.**

肉の主成分は水だから，$T_1 = -10$℃ の氷を $T_2 = 90$℃ に加熱すると考えよ

---

[1] これらの金属が結晶であることと統計力学を使うと簡単に導くことができるが，熱力学からこの値を説明することはできない．

う．電子レンジでは，マイクロ波で水分子を振動，回転させて加熱するので，外部に逃げるエネルギーの無駄が少ない．水の比熱は $c = 1 \, \text{cal/(g K)}$，氷はその半分程度だが，ともに $c = 1 \, \text{cal/(g K)}$ とする．

効率を 100 パーセントとして計算する．単位時間に発生する熱量を $\dot{Q}$，必要な時間を $\Delta t$ とすると

$$C(T_2 - T_1) + L_m = \dot{Q} \Delta t.$$

ここで

$$\begin{aligned} C(T_2 - T_1) &= Mc(T_2 - T_1) \\ &= 200 \, \text{g} \times 1 \, \text{cal/K} \cdot \text{g} \times 4.2 \, \text{J/cal} \times (90 + 10) \, \text{K} \\ &= 8.4 \times 10^4 \, \text{J}. \\ L_m &= 200 \, \text{g} \times 80 \, \text{cal/g} \times 4.2 \, \text{J/cal} \\ &= 6.7 \times 10^4 \, \text{J}. \end{aligned}$$

電子レンジの出力を 1 キロワット，つまり $\dot{Q} = 1 \, \text{kW} = 10^3 \, \text{J/s}$ とすると

$$\Delta t = \frac{C(T_2 - T_1) + L_m}{\dot{Q}} = \frac{(8.4 + 6.7) \times 10^4 \, \text{J}}{10^3 \, \text{J/s}} = 15 \times 10^2 \, \text{s}$$

少なくとも 3 分近くはかかるという結果になる．

**3-1.**

はじめに室内にあった空気の質量 $M$ は $M = 1.3 \, \text{kg/m}^3 \times 12 \, \text{m}^2 \times 2.5 \, \text{m} = 39 \, \text{kg}$．シャルルの法則から体積が増大し，部屋の体積を越えた分が屋外に出る．

$$m = M \left( \frac{273 + 27}{273} - 1 \right) = 3.9 \, \text{kg}.$$

体積が一定の場合には，ボイル-シャルルの法則から圧力は絶対温度に比例する：$P = 1 \, \text{atm} \times (300/273) = 1.1 \, \text{atm}$．

**3-2.**

A と B の圧力ははじめと終わりでそれぞれ等しいから，これを $P_1$, $P_2$ とする（他の量ですぐに表現できない量については文字を割り振っておく）．A と B のそれぞれについてボイル-シャルルの法則は

$$\frac{P_1 V_\text{A}}{T_0} = \frac{P_2 V}{T_0}, \qquad \frac{P_1 V_\text{B}}{T_0} = \frac{P_2 V}{T}.$$

これから $P_1$, $P_2$ を消去すれば $V_\text{A}/T = V_\text{B}/T_0$ が得られる．最後に数値を入れれば（はじめに数値を入れてしまうと見通しが悪くなる），

$$T = T_0 \frac{V_\text{A}}{V_\text{B}} = 300\,\text{K} \times \frac{2500\,\text{cm}^3}{1500\,\text{cm}^3} = 500\,\text{K}.$$

体積は $V_\text{A} + V_\text{A} = 2V$ より $V = 2000\,\text{cm}^3$．

**4-1.**

例題 4 の (c) で見たように等温圧縮で気体は熱を放出する．断熱圧縮ではこの熱が逃げられず気体にとどまるから，温度は上昇する．

**4-2.**

気体は理想気体だとする．ボイルの法則から重りを乗せたときの圧力 $P_2$ は

$$P_2 = P_0 \frac{V_1}{V_2} = 10^5\,\text{Pa} \times \frac{15\,\text{cm}}{10\,\text{cm}} = 1.5 \times 10^5\,\text{Pa}.$$

$P_2 - P_0 = \frac{Mg}{A}$ だから

$$M = \frac{(P_2 - P_0)A}{g} = \frac{0.5 \times 10^5\,\text{Pa}\, 10^{-2}\,\text{m}^2}{9.8\,\text{m/s}^2} = 51.0\,\text{kg}.$$

気体のした仕事は例題の結果から

$$W = \frac{Mg}{A} V_1 = M g h_1 = 51.0\,\text{kg} \times 9.8\,\text{m/s}^2 \times 0.15\,\text{m} = 75\,\text{J}.$$

加熱中圧力は一定だから，シャルルの法則から，加熱後の気体の温度 $T_2$ は

$$T_2 = \frac{15\,\text{cm}}{10\,\text{cm}} \times 300\,\text{K} = 450\,\text{K}.$$

気体に加えられた熱量は $Q = 10\,\text{W} \times 20\,\text{s} = 200\,\text{J}$ だから熱容量は

$$C = \frac{Q}{\Delta T} = \frac{200\,\text{J}}{150\,\text{K}} = 1.33\,\text{J/K}.$$

ただし，これは圧力 $P_2 = 1.5 \times 10^5\,\text{Pa}$ での値である．

## 2 章の発展問題

**5-1.**

(a) 全微分: $f = \frac{1}{2} x^2 y^2$.

(b) 積分因子 $\frac{y}{x}$ をかけると (a) になる.

**6-1.**

気泡中の分子数が等しいとすると，水底の状態 1 と水面の状態 2 の関係は $\frac{P_1 V_1}{k_B T_1} = \frac{P_2 V_2}{k_B T_2}$ だから，圧力を水柱の高さで表すと（水柱の重量によって，底の圧力が大気圧 $P_0$ 増加する深さは[2]約 10 m），

$$V_2 = V_1 \frac{P_1 T_2}{P_2 T_1} = 100 \text{ cm}^3 \times \frac{110 \text{ m} \times 293 \text{ K}}{10 \text{ m} \times 278 \text{ K}} = 1.2 \times 10^3 \text{ cm}^3.$$

**6-2.**

断面積 1 の気柱に含まれる気体の総分子数は

$$N = \int_0^\infty n(T, z) dz = \int_0^\infty n(T, 0) e^{-\frac{mgz}{k_B T}} dz = \frac{k_B T n(T, 0)}{mg}.$$

全エネルギーは，ポテンシャルエネルギーも加えた

$$\begin{aligned}
E &= \int_0^\infty (\varepsilon(T) + mgz) \, n(T, z) dz \\
&= \varepsilon(T) \int_0^\infty n(T, z) dz + mg n(T, 0) \int_0^\infty z e^{-\frac{mgz}{k_B T}} dz \\
&= N \varepsilon(T) + mg n(T, 0) \left(\frac{k_B T}{mg}\right)^2 = N \varepsilon(T) + N k_B T
\end{aligned}$$

である．これから熱容量は

$$N \frac{d\varepsilon(T)}{dT} + N k_B = N(c_V + k_B) = N c_P = C_P$$

と重力のないときの気柱の定圧熱容量と同じになる[3]．

**6-3.**

(a) 高さ $z$ のにある流体にかかる上の流体の重量による圧力は $P(z) = \rho g (L - z)$.

(b) 圧力は $P(0) = \rho g L$ だから，力はそれぞれ $f_A = 2\rho g L^2 W$ と $f_B = \rho g L^2 W$.

(c) 質量零の容器と液体の全質量が寄与するから，$F_A = \frac{3}{2} \rho g L^2 W$ と $F_B =$

---

[2]水の密度を $\rho$ とすると，$\rho g h = P_0$ から $h = \frac{P_0}{\rho g} = \frac{10^5 \text{ Pa}}{10^3 \text{ kg/m}^3 \times 9.8 \text{ m/s}^2} = 10$ m.

[3]気柱の各部分を切り取って考えると，圧力一定の条件で温度が上昇し，膨張による仕事で気体のポテンシャルエネルギーが上昇している.

$\frac{3}{2}\rho g L^2 W$.

(d) 容器の底に働く力は，流体からの圧力と床からの抗力だけではなく，容器の側面からの力がある．容器 A の右側の側面に働く力の大きさは，高さ $z$ から $z + dz$ までの側面積が $\frac{\sqrt{5}}{2} W dz$ であることに注意してそれぞれの高さでの力を加え合わせ

$$f_{\mathrm{AR}} = \int_0^L P(z) \frac{\sqrt{5}}{2} W dz = \frac{\sqrt{5}}{4} \rho g L^2 W.$$

この力の鉛直成分は上向きで，大きさはこの $1/\sqrt{5}$ （水平成分は左右で打ち消す）．左側面の寄与と合わせて，上向きに $\rho g L^2 W/2$ の力が働き，下向きの力の収支は

$$F_{\mathrm{A}} = f_{\mathrm{A}} - \frac{1}{2}\rho g L^2 W.$$

B の場合も同様で，側面からの力が下向きとなり $F_{\mathrm{B}} = f_{\mathrm{B}} + \frac{1}{2}\rho g L^2 W$.

**7-1.**

(a) $I_i = 2mv_i \cos\theta$.

(b) 次の衝突までに分子が動く距離は $2R\cos\theta$ だから，衝突の時間間隔は $\tau_i = \frac{2R\cos\theta}{v_i}$. 壁が受ける力の時間平均は

$$F_i = \frac{I_i}{\tau_i} = \frac{mv_i^2}{R}.$$

(c)
$$P = \frac{\sum F_i}{A} = \frac{Nm\langle v_i^2 \rangle}{4\pi R^3} = \frac{2}{3} N \langle \frac{1}{2} mv_i^2 \rangle \frac{1}{V} = \frac{2}{3} \frac{E_{\mathrm{kin}}}{V}.$$

当然ながら，ベルヌイの関係式は容器の形によらず成り立つ．

(d) $PV = Nk_{\mathrm{B}} T = \frac{2}{3} N \langle \frac{1}{2} mv_i^2 \rangle$ だから

$$\langle \frac{1}{2} mv_i^2 \rangle = \frac{3}{2} k_{\mathrm{B}} T.$$

よって

$$\sqrt{\langle v_i^2 \rangle} = \sqrt{\frac{3k_{\mathrm{B}} T}{m}} = \sqrt{\frac{3 \times 1.38 \times 10^{-23}\,\mathrm{J\,K^{-1}} \times 300\,\mathrm{K}}{\frac{(16+2)\times 10^{-3}\,\mathrm{kg/mol}}{6\times 10^{23}\,(\mathrm{mol})^{-1}}}}$$

$$= 6.4 \times 10^2\,\mathrm{m/s}.$$

水素分子（分子量 2）とは質量が 9 倍違うから，速さは $\frac{1}{3}$ 倍となる．

**3 章の発展問題**

**8-1.**
(a) 気体は体積が大きく圧力が下がった状態に落ち着く．熱が流入しないので，ピストンを押して仕事をした分エネルギーは減少し，温度が低下する．準静的断熱膨張．可逆変化で逆過程は (c)．
(b) ピストンの速さが音速より十分小さくなければ，ピストンに衝突する分子の相対速度が小さくなりピストンを押す仕事が減るので，気体の温度低下は 1 より小さい．不可逆過程．
(c) 外から仕事をされてエネルギーが上昇するから気体の温度は上昇し，圧力が上がった状態に落ち着く．準静的断熱圧縮．可逆変化で逆過程は (a)．
(d) ピストンの速さが音速より十分小さくなければ，衝突する分子の受け取るエネルギーが (c) より大きく，流れが鎮まった後の温度上昇が大きい．不可逆過程．
(e) 自由膨張後は気体の種類や温度によって温度が上がることも下がることもある．（理想気体では仕事をしないので温度は変化しない．）不可逆過程．
(f) 攪拌によってエネルギーを受けて，温度が上昇する．不可逆過程．

**9-1.**
(a) 準静的断熱過程では $P^{1-\gamma}T^\gamma = $ 一定 であり，温度は圧力の関数として $T \propto P^{(\gamma-1)/\gamma}$ となる．圧力は高度の関数なので温度変化の効果を無視すれば，空気分子の平均質量を $m$，地上付近での温度を $T_0$ として

$$P = P_0 \exp\left(-\frac{mgz}{k_B T_0}\right).$$

これから高度による温度変化は

$$T = T_0 \exp\left(-\frac{\gamma-1}{\gamma}\frac{mgz}{k_B T_0}\right).$$

地上付近での温度の高度による変化率は $(R = N_A k_B)$

$$\left.\frac{dT}{dz}\right|_{z=0} = -\frac{\gamma-1}{\gamma}\frac{mg}{k_B} = -\frac{\gamma-1}{\gamma}\frac{mN_A g}{R}.$$

（別解）ここでは高度による温度変化を無視したが，そうでない場合には次

のようにすればよい. 断熱変化では $T \propto P^{(\gamma-1)/\gamma}$ から
$$\left(\frac{\partial T}{\partial P}\right)_S = \frac{\gamma-1}{\gamma}\frac{T}{P}.$$
よって
$$\left(\frac{dT}{dz}\right)_S = \left(\frac{\partial T}{\partial P}\right)_S \frac{dP}{dz} = \frac{\gamma-1}{\gamma}\frac{T(z)}{P(z)}\left(-\frac{mgP(z)}{k_{\rm B}T(z)}\right)$$
$$= -\frac{\gamma-1}{\gamma}\frac{mg}{k_{\rm B}}$$

となり結果は同じだ[4].

(b) 数値を代入すると
$$\frac{dT}{dz} = -\frac{0.41}{1.41}\frac{28.9\times 10^{-3}\,{\rm kg/mol}\times 9.80\,{\rm m/s^2}}{8.31\,{\rm J/(mol\,K)}}$$
$$= -9.91\times 10^{-3}\,{\rm K/m}.$$

100 m あたり約 1℃, 温度が低下する.

**9-2.**

等温変化では, $P = \frac{Nk_{\rm B}T}{V}$ から, はじめの温度を $T_1$ とすると, 式 (3.1) より
$$W(\mathbf{1} \xrightarrow{\text{等温}} \mathbf{2}) = Nk_{\rm B}T_1 \ln\frac{V_1}{V_2}.$$

準静的断熱変化では, 体積 $V_1$ のときの圧力を $P_1$ とすると, $PV^\gamma = P_1 V_1^\gamma$ だから
$$W(\mathbf{1} \xrightarrow{\text{断熱}} \mathbf{2}) = -P_1 V_1^\gamma \int_{V_1}^{V_2}\frac{dV}{V^\gamma}$$
$$= -\frac{Nk_{\rm B}T_1}{V_1}\frac{V_1^\gamma}{\gamma-1}\left(\frac{1}{V_2^{\gamma-1}} - \frac{1}{V_1^{\gamma-1}}\right)$$
$$= C_V T_1\left[\left(\frac{V_1}{V_2}\right)^{\gamma-1} - 1\right]$$

---

[4] 実際には, 空気が水蒸気を含んでいるため温度変化はこの半分程度である. 湿った風が山脈に当たると, 上昇して温度が低下し雨や雪を降らす. 山を越えた空気は乾燥し, 下降するときの温度上昇が大きい. これがフェーン現象である.

と式 (3.4) が得られる．これを $TV^{\gamma-1} = $ 一定 を使って書きかえると
$$W(1 \xrightarrow{断熱} 2) = C_V(T_2 - T_1).$$

（別解）体積 $V_1$, $V_2$ のときの温度を $T_1$, $T_2$ とする．熱の出入りがないから，エネルギーの変化 $C_V(T_2 - T_1)$ が外力がした仕事である．$T_2$ を $TV^{\gamma-1} = $ 一定 を使って $V_1$, $V_2$ で表すと

$$W(1 \xrightarrow{断熱} 2) = C_V(T_2 - T_1) = C_V \left[ T_1 \left( \frac{V_1}{V_2} \right)^{\gamma-1} - T_1 \right].$$

等温変化では
$$\begin{aligned} W^{等温} &= nRT_1 \ln \frac{V_1}{V_2} \\ &= 1 \,\mathrm{mol} \times 8.314 \,\mathrm{J/(mol\,K)} \times 300 \,\mathrm{K} \times \ln \frac{20}{40}. \\ &= -1.73 \times 10^3 \,\mathrm{J}. \end{aligned}$$

気体がする仕事はこれと逆符号．断熱変化では

$$\begin{aligned} W(1 \xrightarrow{断熱} 2) &= n \frac{3}{2} RT_1 \left[ \left( \frac{V_1}{V_2} \right)^{\gamma-1} - 1 \right] \\ &= 1 \times \frac{3}{2} \times 8.314 \,\mathrm{J/(mol\,K)} \times 300 \,\mathrm{K} \times \left[ \left( \frac{20\,l}{40\,l} \right)^{2/3} - 1 \right] \\ &= -1.38 \times 10^3 \,\mathrm{J}. \end{aligned}$$

**4 章の発展問題**

**10-1.**
　体積一定の容器に理想気体を入れて熱量 $\Delta Q$ を加えれば，温度と圧力が上昇する．壁が動かないから気体が受ける仕事は $\Delta W = 0$．エネルギーの変化は $\Delta E = E_2 - E_1 = \Delta Q$．比熱が温度によって変化しないなら，$\Delta E = C_V \Delta T$ だから，温度変化は

$$\Delta T = \frac{\Delta Q}{C_V}.$$

定圧変化で熱量 $\Delta Q$ を加えれば，温度が上昇し体積が増加する．体積の増加によって系がした仕事は $-\Delta W = P(V_2 - V_1)$ だから，

$$\Delta E = C_V \Delta T = \Delta Q + \Delta W = \Delta Q - P(V_2 - V_1).$$

ここで $V_{1,2} = \frac{Nk_B T_{1,2}}{P}$ だから $C_V \Delta T = \Delta Q - Nk_B \Delta T$ となり

$$\Delta T = \frac{\Delta Q}{C_V + Nk_B} = \frac{\Delta Q}{C_P}$$

と式 (2.21) が得られる．

**10-2.**

(a) はじめと終わりの体積を $V_1$, $V_2$ とすると仕事は

$$W = \int_{V_1}^{V_2} P dV = \int_{V_1}^{V_2} \frac{N_A k_B}{V} dV = N_A k_B T \ln \frac{V_2}{V_1} = RT \ln \frac{P_1}{P_2}.$$

(b) $\ln 10 = 2.30$ だから，数値を代入して

$$W = 8.31 \, \text{J/(mol K)} \times 1 \, \text{mol} \times 293 \, \text{K} \times 2.30$$
$$= 5.6 \times 10^3 \, \text{J}.$$

(c) 温度が変わっていないから気体の内部エネルギーは変化していない．したがって，外部に対して仕事をした分のエネルギーは熱浴から補給されなければならない．

$$Q = W = \frac{5.6 \times 10^3 \, \text{J}}{4.19 \, \text{J/cal}} = 1.34 \times 10^3 \, \text{cal}.$$

**10-3.**

自由膨張では $E$ は一定だから，膨張後の理想気体の温度は $T_1$ のままである（図 4.4 の破線[5]）．膨張時の体積と圧力の関係は $P_2 V_2 = Nk_B T_1$ である．定圧圧縮で放出される熱量は $Q = C_P(T_1 - T_3)$，気体に加えられる仕事は $W = P_2(V_2 - V_1)$．最後の加熱によって気体に加えられる熱量は $Q' = C_V(T_1 - T_3)$．また $V_1 = \frac{Nk_B T_1}{P_1} = \frac{Nk_B T_3}{P_2}$ である．系は元の状態に戻るから，自由膨張，定圧圧縮，定積加熱の 3 つの過程で気体のエネルギー収支は零となる．

---

[5] 破線で描いてあるのは，他の過程とは違って途中の状態では温度や圧力が定義できないから．

$$0 - C_P(T_1 - T_3) + P_2(V_2 - V_1) + C_V(T_1 - T_3) = 0.$$

第3項は $Nk_{\mathrm{B}}T_1 - Nk_{\mathrm{B}}T_3 = Nk_{\mathrm{B}}(T_1 - T_3)$ なので, $C_P = C_V + Nk_{\mathrm{B}}$, $Q = (C_V + Nk_{\mathrm{B}})(T_1 - T_3)$ が得られ, 式 (2.21) が成り立つ.

**10-4.**

$E(P, V)$ より

$$dE = \left(\frac{\partial E}{\partial P}\right)_V dP + \left(\frac{\partial E}{\partial V}\right)_P dV$$

だから

$$dE + PdV = \left(\frac{\partial E}{\partial P}\right)_V dP + \left[\left(\frac{\partial E}{\partial V}\right)_P + P\right] dV.$$

これから積分可能条件を調べると

$$\frac{\partial}{\partial V}\left(\frac{\partial E}{\partial P}\right) - \frac{\partial}{\partial P}\left[\left(\frac{\partial E}{\partial V}\right) + P\right] = -1$$

となって満たされず, 状態量として $Q(P, V)$ といった関数で表すことはできない. 式 (4.2) は $\frac{1}{T}$ を積分因子として $\frac{1}{T}dE + \frac{P}{T}dV$ が全微分となることを表しているが, これは次章で学ぶ物理法則であって数学的に証明できることではない.

**11-1.**

空気の平均分子量は

$$16 \times 2 \times 0.2 + 14 \times 2 \times 0.8 = 28.8.$$

したがって空気は 10 モルある. 定積熱容量は

$$N\left(\frac{3}{2}k_{\mathrm{B}} + k_{\mathrm{B}}\right) = \frac{5}{2}nR$$
$$= 2.5 \times 10\,\mathrm{mol} \times 8.31\,\mathrm{J/(mol\,K)}.$$
$$= 208\,\mathrm{J/K}.$$

吸収された熱量あるいは高温空気の室温状態とのエネルギー差は

$$\Delta E = C_V(T_2 - T_1) = 208 \text{ J/K} \times 200 \text{ K}$$
$$= 4.16 \times 10^4 \text{ J}.$$

仕事の最小値は，単に高温空気の熱を外気に逃がす場合で $W_{\min} = 0$. 最大値は準静的可逆変化によって実現できる．はじめに断熱膨張によって仕事 $W_1$ を外にすることで温度を $T_1$ に下げ（体積は $V_1$ から $V_2$ へ），次に外気温中で外から仕事 $W_2$ を加えて等温でゆっくりと圧縮し，元に戻せばよい．空気を理想気体とみなすと式 (3.4) と式 (3.1) から

$$W_1 = C_V(T_1 - T_2),$$
$$W_2 = Nk_B T_1 \ln \frac{V_2}{V_1} = Nk_B T_1 \ln \left(\frac{T_1}{T_2}\right)^{\frac{1}{\gamma-1}} = C_V T_1 \ln \frac{T_1}{T_2}.$$

よって最大の仕事は

$$W_{\max} = W_1 - W_2 = C_V(T_1 - T_2) - C_V T_1 \ln \frac{T_1}{T_2}.$$

数値的には

$$W_{\max} = 4.16 \times 10^4 \text{ J} - 208 \text{ J/K} \times 300 \text{ K} \times \ln \frac{500 \text{ K}}{300 \text{ K}}$$
$$= (4.16 - 3.18) \times 10^4 \text{ J}$$
$$= 9.8 \times 10^3 \text{ J}.$$

**11-2.**

理想気体では等温膨張，等温圧縮で内部エネルギーは変化しない，また断熱過程ではエネルギー変化は仕事によるものだけだから，最後のエネルギーは $E_4 = C_V T_1 - W_{23} = C_V T_4$. これは経路によらないので，経路 B でも同じだから $T_4 = E_4/C_V = T_1 - W_{23}/C_V$.

**12-1.**

これは蒸気機関車よりも火力発電所の方がはるかに熱効率が良いことを意味する．その理由は，発電所では蒸気機関車よりはるかに高温の熱源が使えるためだ．蒸気機関車では 16 気圧 350℃ なのに対し，火力発電所では 250 気圧 600℃ の蒸気が使われているとのことである．あまり深く考えずにそれぞれの

温度を使って常温での限界となる効率を計算すると

$$\frac{623\text{ K} - 293\text{ K}}{623\text{ K}} = 0.53$$

$$\frac{873\text{ K} - 293\text{ K}}{873\text{ K}} = 0.66$$

となる．実際は，さまざまな制約のため蒸気機関車の熱効率が 10% 以下であるのに対し，発電所は 46% だそうだ．

**5 章の発展問題**

**13-1.**

断熱過程だから $\Delta Q = 0$，真空中への膨張では力はかからないから $\Delta W = 0$．$\Delta E = \Delta Q + \Delta W = 0$．したがって温度変化はない．理想気体のエントロピー変化は式 (5.11) から[6] $\Delta S = Nk_B \ln \frac{V_2}{V_1}$．自由膨張は非可逆過程なのでエントロピーは上昇する．

**13-2.**

外部とは熱，仕事の出入りがないから $\Delta E = 0$．終状態の温度 $T_3$ は $Nc_V T_1 + Nc_V T_2 = 2Nc_V T_3$ より $T_3 = \frac{T_1+T_2}{2}$．式 (5.11) よりエントロピー変化は

$$\Delta S = 2Nc_V \ln \frac{T_1 + T_2}{2T_0} - Nc_V \ln \frac{T_1}{T_0} - Nc_V \ln \frac{T_2}{T_0}$$
$$= Nc_V \ln \frac{(T_1 + T_2)^2}{4T_1 T_2}.$$

(相加平均)≥(相乗平均) だから，$\Delta S \geq 0$．温度の違う物体を接触させて熱量を移動させる（熱伝導）のはエントロピーが増加する不可逆過程である．

**13-3.**

最初，圧力を一定に保って温度を $T_1$ とし，次に同じ温度に保ちながら圧力を $P_1$ にしたと考える（最初の状態を **0**，次の状態を **2**，最後の状態を **1** と書く）[7]．最初の変化で体積は $V_2 = V_0 \frac{T_1}{T_0}$ となり，最後の体積は $V_1 = V_0 \frac{T_1}{T_0} \frac{P_0}{P_1}$ である．エントロピー変化は $dS = \frac{dE}{T} + \frac{P}{T}dV$ と $E = C_V T$ に注意して

---

[6]はじめの温度も終わりの温度も同じ $T$ で $\Delta Q = 0$ だから $\Delta S = \frac{\Delta Q}{T} = 0$，とするのはどこが誤りか？

[7]エントロピーは状態量だから，どのような変化を考えてもよいから計算が容易なやり方で状態変化を起こしたとすればよい．

$$S_1 = S_0 + \int_0^2 \frac{dE}{T} + \int_2^1 \frac{P}{T} dV$$
$$= S_0 + C_V \int_{T_0}^{T_1} \frac{dT}{T} + \int_{V_0}^{V_0 \frac{T_1}{T_0} \frac{P_0}{P_1}} \frac{R}{V} dV$$
$$= S_0 + C_V \ln\left(\frac{T_1}{T_0}\right) + R \ln\left(\frac{T_1}{T_0} \frac{P_0}{P_1}\right).$$

基準状態と問題となる状態の体積はそれぞれ $V_0 = \frac{RT_0}{P_0}$, $V_1 = \frac{RT_1}{P_1}$ なので，例題の結果に直接代入しても答えは同じだ．これから $C_P = C_V + R$ を用いて

$$S(T_1, P_1) = S_0 + C_P \ln\left(\frac{T_1}{T_0}\right) + R \ln\left(\frac{P_0}{P_1}\right).$$

**14-1.**

$H_2O$ の分子量は 18 だから 180 g の水は 10 mol であるが，例題 2 に従って質量を使って計算する．氷の融解は 273 K で起こり融解熱は $l_m = 334$ J/g だから，融解によるエントロピーの上昇は

$$\Delta S^{融解} = T_m \Delta Q^{融解}$$
$$= \frac{180 \text{ g} \times 334 \text{ J/g}}{273 \text{ K}} = 220 \text{ J/K}.$$

100℃ までの温度上昇によるエントロピーの増大は

$$\Delta S^{昇温} = \int_{T_1}^{T_2} \frac{C_P^{水}}{T} dT$$
$$= C_P^{水} \ln \frac{T_2}{T_1}$$
$$= 180 \text{ g} \times 4.2 \text{ J/(g K)} \times \ln \frac{373 \text{ K}}{273 \text{ K}} = 236 \text{ J/K}.$$

最後に，100℃ で起きる蒸発によるエントロピーの上昇は，$l_v = 2256$ J/g

$$\Delta S^{蒸発} = T_v \Delta Q^{蒸発}$$
$$= \frac{180 \text{ g} \times 2256 \text{ J/g}}{373 \text{ K}} = 1089 \text{ J/K}.$$

これらを合計して

$$\Delta S = (220 + 236 + 1089) \text{ J/K} = 1.55 \text{ kJ/K}.$$

## 15-1.

混ざったビーズをどうやって可逆的に分離するかは明らかでないが，エントロピーの統計力学的な意味からすると混合ビーズのエントロピーという考えは成立する．式 (5.12) より

$$\Delta S = -k_B \left( 1000 \ln \frac{1000}{1000+1000} + 1000 \ln \frac{1000}{1000+1000} \right)$$
$$= 1.37 \times 10^{-23} \text{ J/K} \times 2000 \ln 2 = 1.90 \times 10^{-20} \text{ J/K}.$$

気体に比べ粒子数が少ないので小さな数となる．

## 16-1.

(a) 例題の結果を使うとエントロピーは

$$S(T,V) = \frac{16}{3c}\sigma T^3 V$$
$$= \frac{16}{3 \times 3 \times 10^8 \text{ m/s}} \times 5.67 \times 10^{-8} \text{ J/(m}^2\text{ s K}^4) \times 300^3 \text{ K}^3 \times 1 \text{ m}^3$$
$$= 2.72 \times 10^{-8} \text{ J/K}.$$

(b) 前問と同様に

$$S(T,V) = \frac{16}{3c}\sigma T^3 V$$
$$= \frac{16}{3 \times 3 \times 10^8 \text{ m/s}} \times 5.67 \times 10^{-8} \text{ J/(m}^2\text{ s K}^4) \times 2.7^3 \text{ K}^3 \times 1 \text{ m}^3$$
$$= 1.98 \times 10^{-14} \text{ J/K}.$$

もちろん前問の結果の $\left(\frac{2.7}{300}\right)^3$ 倍である．宇宙背景輻射のエントロピーは地上のおよそ 100 万分の 1，エネルギーなら 1 億分の 1 となる．

## 16-2.

例題と同じ記号を使い，高温での圧力 $P_1$ を，低温での圧力を $P_4$ とする．II と IV では $S \propto T^3 V \propto P^{3/4} V =$ が一定なので $P \propto V^{-3/4}$ だから

$$\Delta W_\text{I} = -P_1 \Delta V = -\frac{4\sigma}{3c}T_\text{h}^4(V_2 - V_1).$$
$$\Delta W_\text{II} = -\int_{V_2}^{V_3} P dV = -\frac{4\sigma}{3c}T_\text{h}^4 V_2^{4/3} \int_{V_2}^{V_3} V^{-4/3} dV$$

$$= \frac{4\sigma}{c} T_\text{h}^4 V_2 \left[ \left( \frac{V_2}{V_3} \right)^{1/3} - 1 \right]$$

$$= \frac{4\sigma}{c} T_\text{h}^4 V_2 \left( \frac{T_\text{c}}{T_\text{h}} - 1 \right)$$

$$= -\frac{4\sigma}{c} T_\text{h}^3 V_2 (T_\text{h} - T_\text{c}).$$

$$\Delta W_\text{III} = -P_4 \Delta V = -\frac{4\sigma}{3c} T_\text{c}^4 (V_4 - V_3)$$

$$= -\frac{4\sigma}{3c} T_\text{h}^3 (V_1 - V_2) T_\text{c}.$$

$$\Delta W_\text{IV} = -\int_{V_1}^{V_4} P dV = -\frac{4\sigma}{c} T_\text{h}^4 V_1 \left( \frac{T_\text{c}}{T_\text{h}} - 1 \right)$$

$$= \frac{4\sigma}{c} T_\text{h}^3 V_1 (T_\text{h} - T_\text{c}).$$

$$\Delta W = \Delta W_\text{I} + \Delta W_\text{II} + \Delta W_\text{III} + \Delta W_\text{IV}$$

$$= -\frac{16\sigma}{3c} T_\text{h}^3 (T_\text{h} - T_\text{c})(V_2 - V_1)$$

$$= -\Delta Q.$$

確かにエネルギー保存則は守られている．

**16-3.**

(a) 循環過程の転換点に当たる体積は，$V_1 = \frac{Nk_\text{B}T_1}{P_1}$, $V_2 = \frac{Nk_\text{B}T_2}{P_1}$, $V_3 = \frac{Nk_\text{B}T_2}{P_4}$, $V_4 = \frac{Nk_\text{B}T_1}{P_4}$．この順序で循環したときの系がした仕事は

$$-\Delta W = P_1(V_2 - V_1) + Nk_\text{B} T_2 \ln \frac{V_3}{V_2} - P_4(V_3 - V_4) + Nk_\text{B} T_1 \ln \frac{V_1}{V_4}$$

$$= Nk_\text{B}(T_2 - T_1) + Nk_\text{B} T_2 \ln \frac{V_3}{V_2} - Nk_\text{B}(T_2 - T_1) + Nk_\text{B} T_1 \ln \frac{V_1}{V_4}$$

$$= Nk_\text{B}(T_2 - T_1) \ln \frac{P_1}{P_4}.$$

定圧過程で系に流入した熱量は

$$\Delta Q_I + \Delta Q_{III} = C_P(T_2 - T_1) + C_P(T_1 - T_2) = 0.$$

ただし $C_P = \frac{5}{2} Nk_\text{B}$ である．等温過程では，エントロピー変化から熱量を求めれば

$$\Delta Q_{II} + \Delta Q_{IV} = T_2 \Delta S_{II} + T_1 \Delta S_{IV}$$
$$= Nk_B T_2 \ln \frac{V_3}{V_2} + Nk_B T_1 \ln \frac{V_1}{V_4}$$
$$= -\Delta W.$$

となり,確かに系が受け取った熱量と系がした仕事は等しい.
(b) 数値を入れると
$$-\Delta W = Nk_B(T_2 - T_1) \ln \frac{P_1}{P_4}$$
$$= 8.31\,\mathrm{J/(K\,mol)} \times (600 - 400)\,\mathrm{K} \times \ln \frac{3 \times 10^6\,\mathrm{Pa}}{1 \times 10^6\,\mathrm{Pa}}$$
$$= 8.31 \times 200 \times 1.10\,\mathrm{J} = 1.83 \times 10^3\,\mathrm{J}.$$

**6章の発展問題**

**17-1.**

$d'Q = TdS$ だから,熱浴のエネルギーの変化は $dE^B = -d'Q = -TdS$,したがって,気体のエネルギーと合わせたものの変化は

$$dE^{\mathrm{tot}} = dE + dE^B = dE - TdS = d(E - TS) = dF$$

となって気体のヘルムホルツ自由エネルギーの変化に等しい.

(別解) 仕事まで入れて書くと,気体のエネルギーの変化は $dE = d'Q + d'W$,熱浴のエネルギーの変化は $dE^B = -d'Q$,したがって $dE^{\mathrm{tot}} = d'W$. このとき気体の自由エネルギーの変化は,

$$dF = dE - TdS = TdS + d'W - TdS = d'W = dE^{\mathrm{tot}}.$$

気体は熱浴から熱量を供給されながら,温度一定の条件で外界に対し $-d'W$ の仕事をしており(外界から $d'W$ の仕事を受けており),これがちょうど気体のヘルムホルツ自由エネルギーの変化になっている.つまり,一般にヘルムホルツ自由エネルギーは温度一定の条件で物体がなしうる仕事を表していると言える.

**18-1.**

例題の $W_{\max}$ の式にいろいろな量の値を代入して

$$W_{\max} = \frac{3}{2}R(T_1 - T_0) - T_0\left(\frac{5}{2}R\ln\left(\frac{T_1}{T_0}\right) + R\ln\left(\frac{P_0}{P_1}\right)\right) + P_0\left(\frac{RT_1}{P_1} - \frac{RT_0}{P_0}\right)$$

$$= 1\,\mathrm{mol} \times 8.314\,\mathrm{J/(Kmol)}\Big[1.5 \times (500 - 300)\,\mathrm{K}$$

$$-300\,\mathrm{K}\left(2.5\ln\left(\frac{500\,\mathrm{K}}{300\,\mathrm{K}}\right) + \ln\left(\frac{1\,\mathrm{atm}}{100\,\mathrm{atm}}\right)\right) + 500\,\mathrm{K}\frac{1\,\mathrm{atm}}{100\,\mathrm{atm}} - 300\,\mathrm{K}\Big]$$

$$= 8.314\,\mathrm{J/K}\,[300\,\mathrm{K} - 300\,\mathrm{K}\,(2.5 \times 0.5108 - 4.605) + 5\,\mathrm{K} - 300\,\mathrm{K}]$$

$$= 998\,\mathrm{J}.$$

**19-1.**

理想気体のエネルギーは温度のみの関数だから

$$E(T, V) = E(T, V_0) = E_0 + \int_{T_0}^{T} C_V(T')dT'.$$

式 (5.11) と同様に

$$S(T, V) = S_0 + \int_{T_0}^{T} \frac{C_V(T')}{T'}dT' + Nk_{\mathrm{B}}\ln\left(\frac{V}{V_0}\right).$$

(定積熱容量が温度によらなければ式 (5.11) になる). $F = E - TS$ は

$$F(T, V) = E_0 + \int_{T_0}^{T} C_V(T')dT' - T\left[S_0 + \int_{T_0}^{T} \frac{C_V(T')}{T'}dT' + Nk_{\mathrm{B}}\ln\left(\frac{V}{V_0}\right)\right]$$

$$= F_0 - (T - T_0)S_0 - \int_{T_0}^{T} \frac{C_V(T')(T - T')}{T'}dT' - Nk_{\mathrm{B}}T\ln\left(\frac{V}{V_0}\right).$$

(別解) ヘルムホルツ自由エネルギーの式を直接積分する.

$$F(T, V) = F(T_0, V_0) - \int_{T_0}^{T} S(T', V_0)dT' - \int_{V_0}^{V} P(T, V')dV'$$

$$= F_0 - \int_{T_0}^{T} dT'\left(S_0 + \int_{T_0}^{T'} \frac{C_V(T'')}{T''}dT''\right) - Nk_{\mathrm{B}}T\ln\left(\frac{V}{V_0}\right)$$

$$= F_0 - (T - T_0)S_0 - \int_{T_0}^{T} dT' \int_{T_0}^{T'} dT'' \frac{C_V(T'')}{T''} - Nk_{\mathrm{B}}T\ln\left(\frac{V}{V_0}\right).$$

第3項の2重積分は $(T', T'')$ 平面で,$(T_0, T_0)$, $(T, T_0)$, $(T, T)$ を頂点とする直角2等辺3角形での積分だが,被積分関数が $T'$ よらないことに注意して $T'$ での積分を先に行うと前の式の第3項と等価であることがわかる.

**19-2.**

ギブス自由エネルギーは $G = F + PV$ を $T$ と $P$ の関数として表したもの．前問の $F$ に $PV = Nk_\mathrm{B}T$ を加え，$V$ を状態方程式から得られる関係 $V = \frac{Nk_\mathrm{B}T}{P}$ で書きかえると，$C_1$, $C_2$ を適当な定数として

$$G = C_1 + C_2 T - C_V T \ln\frac{T}{T_0} - Nk_\mathrm{B}T \ln\frac{TP_0}{T_0 P}$$
$$= C_1 + C_2 T - C_P T \ln\frac{T}{T_0} + Nk_\mathrm{B}T \ln\frac{P}{P_0}.$$

これを次の形に書いておくと後々便利である．

$$G = N\epsilon_0 - Nc_P \ln T + Nk_\mathrm{B}T \ln P - \zeta Nk_\mathrm{B}T.$$

定数 $\zeta$ は気体の化学定数と呼ばれる．

**20-1.**

(a) それぞれ $F(T,V)$，$G(T,P)$ から微分の順序を替えて導かれるマクスウェルの関係式．

(b) ヤコビ行列式で表せばよい．

(c) $dE$ と $dH$ の式 (6.8)，(6.10) から

$$\left(\frac{\partial E}{\partial V}\right)_T = T\left(\frac{\partial S}{\partial V}\right)_T - P, \qquad \left(\frac{\partial H}{\partial P}\right)_T = T\left(\frac{\partial S}{\partial P}\right)_T + V.$$

ここで (a) の結果を使う．

**20-2.**

内部エネルギーを温度と体積の関数として表すと

$$dE = \left(\frac{\partial E}{\partial T}\right)_V dT + \left(\frac{\partial E}{\partial V}\right)_T dV.$$

これを $d'Q = dE + PdV$ に代入して

$$d'Q = \left(\frac{\partial E}{\partial T}\right)_V dT + \left[\left(\frac{\partial E}{\partial V}\right)_T + P\right] dV.$$

定圧熱容量はこれを $P$ 一定の条件で $dT$ で割って

$$C_P = \left(\frac{\partial E}{\partial T}\right)_V + \left[\left(\frac{\partial E}{\partial V}\right)_T + P\right]\left(\frac{\partial V}{\partial T}\right)_P.$$

第 1 項は定積熱容量 $C_V$ である．

**20-3.**

前問の式を変形する．$\left(\frac{\partial V}{\partial T}\right)_P$ を書き変えて

$$\left(\frac{\partial V}{\partial T}\right)_P = \frac{\partial(V,P)}{\partial(T,P)} = \frac{\partial(V,P)}{\partial(T,V)}\frac{\partial(T,V)}{\partial(T,P)} = -\left(\frac{\partial P}{\partial T}\right)_V\left(\frac{\partial V}{\partial P}\right)_T.$$

これを前問の式に代入して

$$\left(\frac{\partial E}{\partial V}\right)_T\left(\frac{\partial V}{\partial P}\right)_T = \left(\frac{\partial E}{\partial P}\right)_T$$

に注意すれば求める式が得られる．

**20-4.**

エネルギーが温度のみの関数で $V$ や $P$ によらないことに注意し，状態方程式を使って偏微分を求め，関係式に代入すると $C_P = C_V + Nk_B$ が得られる．

**20-5.**

$$\left(\frac{\partial E}{\partial V}\right)_T = T\left(\frac{\partial S}{\partial V}\right)_T - f(V)T.$$

マクスウェルの関係式よりエントロピーの微分は，

$$\left(\frac{\partial S}{\partial V}\right)_T = \left(\frac{\partial P}{\partial T}\right)_V = f(V).$$

よって $E$ の体積微分は零になる．

**20-6.**

$E = u(T)V$ と $P = \frac{1}{3}u$ を，発展問題 20-1(c) のはじめの式に代入し，マクスウェルの関係式 $\left(\frac{\partial S}{\partial V}\right)_T = \left(\frac{\partial P}{\partial T}\right)_V$ を使って $u$ で表すと

$$u = T\frac{1}{3}\frac{du}{dT} - \frac{1}{3}u.$$

これから

$$4u = T\frac{du}{dT}.$$

これを積分して，$T = 0$ で $u = 0$ とすると[8]，$u = AT^4$ が得られる．電磁気学の知識だけから光子気体エネルギーの温度変化の関数形を求めることができた．

---

[8] ふつう絶対零度の値をエネルギーの基準とする．

**21-1.**

(a) 状態方程式

$$P = \frac{Nk_{\rm B}T}{V-Nb} - a\left(\frac{N}{V}\right)^2.$$

を $P$ 一定として温度で微分する．このとき $V$ は $T$ の関数．

$$0 = \frac{Nk_{\rm B}}{V-Nb} - \frac{Nk_{\rm B}T}{(V-Nb)^2}\left(\frac{\partial V}{\partial T}\right)_P + 2a\frac{N^2}{V^3}\left(\frac{\partial V}{\partial T}\right)_P.$$

これから熱膨張係数は

$$\alpha = \frac{1}{V}\left(\frac{\partial V}{\partial T}\right)_P = \frac{V-Nb}{VT}\frac{1}{1-2a\dfrac{N(V-Nb)^2}{k_{\rm B}TV^3}}.$$

(b) エントロピーも例題のエネルギーと同様に積分によって得られる．

$$\begin{aligned}
S(T,V) &= S_0 + \int_{T_0}^{T}\frac{\partial S}{\partial T}(T',V_0)dT' + \int_{V_0}^{V}\frac{\partial S}{\partial V}(T,V')dV' \\
&= S_0 + \int_{T_0}^{T}\frac{C_V(T')}{T'}dT' + \int_{V_0}^{V}\frac{Nk_{\rm B}}{V'-Nb}dV' \\
&= S_0 + \int_{T_0}^{T}\frac{C_V(T')}{T'}dT' - Nk_{\rm B}\ln\frac{V-Nb}{V_0-Nb}.
\end{aligned}$$

発展問題 19-1 の理想気体の場合と比べると，有効体積が $Nb$ だけ減った形になっている．例題のエネルギーの式と合わせてヘルムホルツ自由エネルギーは

$$\begin{aligned}
F(T,V) &= E_0 + \int_{T_0}^{T}C_V(T')dT' - aN^2\left(\frac{1}{V}-\frac{1}{V_0}\right) \\
&\quad - T\left(S_0 + \int_{T_0}^{T}\frac{C_V(T')}{T'}dT' - Nk_{\rm B}\ln\frac{V-Nb}{V_0-Nb}\right) \\
&= F_0 - (T-T_0)S_0 + \int_{T_0}^{T}C_V(T')dT' - T\int_{T_0}^{T}\frac{C_V(T')}{T'}dT' \\
&\quad - aN^2\left(\frac{1}{V}-\frac{1}{V_0}\right) - Nk_{\rm B}T\ln\frac{V-Nb}{V_0-Nb}.
\end{aligned}$$

この $F(T,V)$ の式から確かに $C_V(T)$ と状態方程式が再現できる．

(c) 自由膨張ではエネルギーは変わらないから，例題の $E$ の表式で $C_V$ を定

数とした式より
$$C_V(T-T_0) - aN^2\left(\frac{1}{V} - \frac{1}{V_0}\right) = 0.$$
よって温度変化は
$$T - T_0 = \frac{aN^2}{C_V}\left(\frac{1}{V} - \frac{1}{V_0}\right) < 0.$$
分子間引力に抗して仕事をするからエネルギーが減り温度が下がる．

**22-1.**

体積の近似式は
$$v \approx \frac{k_B T}{P} - \frac{a}{k_B T} + b.$$
ジュール-トムソン係数は
$$\frac{1}{C_P}\left[T\left(\frac{\partial V}{\partial T}\right)_P - V\right] = \frac{1}{C_P}\left(\frac{2a}{k_B T} - b\right).$$
高温では正，低温では負．符号が変わる逆転温度は
$$T_i = \frac{2a}{k_B b}.$$

**22-2.**

自由膨張では気体のエネルギーは変わらないから
$$\Delta T = \left(\frac{\partial T}{\partial V}\right)_E \Delta V = -\frac{\left(\frac{\partial E}{\partial V}\right)_T}{\left(\frac{\partial E}{\partial T}\right)_V}\Delta V$$
$$= -\frac{1}{C_V}\left[T\left(\frac{\partial S}{\partial V}\right)_T - P\right]\Delta V$$
$$= -\frac{1}{C_V}\left[T\left(\frac{\partial P}{\partial T}\right)_V - P\right]\Delta V$$
$$= -\frac{1}{C_V}\left[-T\left(\frac{\partial P}{\partial V}\right)_T\left(\frac{\partial V}{\partial T}\right)_P - P\right]\Delta V$$
$$= \frac{1}{C_V}\left(P - \frac{T\alpha}{\kappa_T}\right)\Delta V.$$

理想気体ならば，$\alpha = 1/T$，$\kappa_T = 1/P$ なので温度変化は期待通り零となる．

**23-1.**

断熱的に伸ばしたときの温度変化は

$$\left(\frac{\partial T}{\partial l}\right)_S = \frac{\partial(T,S)}{\partial(l,S)} = \frac{\partial(T,S)}{\partial(T,l)}\frac{\partial(T,l)}{\partial(l,S)} = a(l)\left(\frac{\partial T}{\partial S}\right)_l > 0.$$

張力一定で温度が変わると

$$\left(\frac{\partial l}{\partial T}\right)_X = \frac{\partial(l,X)}{\partial(T,X)} = \frac{\partial(l,X)}{\partial(T,l)}\frac{\partial(T,l)}{\partial(T,X)} = -a(l)\left(\frac{\partial l}{\partial X}\right)_T < 0.$$

**23-2.**

磁化は外場に比例するから，仕事やエネルギーとの関係は力 $f$ がかかったときのバネの伸び $x$ と対応で考えるとよい（つまり $f = kx$ と $B = \chi_T^{-1}M$ を対応させてエネルギーを求める）．磁化によるヘルムホルツ自由エネルギーの変化は

$$dF = BdM - SdT = \chi_T^{-1}MdM - SdT.$$

温度一定でこれを積分すると

$$F(T,M) = \frac{1}{2}\chi_T^{-1}M^2 + F(T,0).$$

これからエントロピーは

$$\begin{aligned}S(T,M) &= -\left(\frac{\partial F(T,M)}{\partial T}\right)_M \\ &= -\frac{1}{2}\frac{d\chi_T^{-1}}{dT}M^2 - \left(\frac{\partial F(T,0)}{\partial T}\right)_M \\ &= -\frac{1}{2}\frac{d\chi_T^{-1}}{dT}M^2 + S(T,0).\end{aligned}$$

エネルギーは

$$\begin{aligned}E(T,M) &= F(T,M) + TS(T,M) \\ &= E(T,0) + \frac{1}{2}\left(\chi_T^{-1} - T\frac{d\chi_T^{-1}}{dT}\right)M^2.\end{aligned}$$

**23-3.**

(a) 温度が与えられたときのエネルギーの磁化依存性を見ると

$$\left(\frac{\partial E}{\partial M}\right)_T = B + T\left(\frac{\partial S}{\partial M}\right)_T = B - T\left(\frac{\partial B}{\partial T}\right)_M = B - T\frac{B}{T} = 0.$$

2番目の等式ではマクスウェルの関係式を使った．また，$M$ が一定のときには $x$ が一定だから，$\left(\frac{\partial B}{\partial T}\right)_M = \frac{B}{T}$ となることを使った．
（別解）

$$\chi_T = \lim_{B \to 0}\left(\frac{\partial M}{\partial B}\right)_T = Nf'(0)\frac{\mu}{k_B T}.$$

これから $\chi_T^{-1} = \frac{k_B T}{N\mu f'(0)}$ なので，前問の $E(T, M)$ の式第 2 項の係数は零となる．

(b) エントロピーの式

$$dS = \frac{dE}{T} - \frac{B}{T}dM = \frac{dE}{T} - \frac{B}{T}N\frac{df(x)}{dx}dx.$$

これを積分すると，第 1 項 $S_1$ は温度のみのある関数 $g_1(T)$．第 2 項 $S_2$ は部分積分して（$f(0) = 0$ に注意）

$$\begin{aligned}S_2 &= -\frac{Nk_B}{\mu}xf(x)\Big|_0^{\frac{\mu B}{k_B T}} + \frac{Nk_B}{\mu}\int_0^{\frac{\mu B}{k_b T}} f(x)dx \\ &= -\frac{Nk_B}{\mu}xf(x) + \frac{Nk_B}{\mu}\int_0^x f(x')dx' = g_2(x).\end{aligned}$$

ここで $x = \frac{\mu B}{k_B T}$ は無次元量，関数 $f$ は $\mu$ と同じ次元の量であることに注意しよう．

(c) $S$ が $x$ のみの関数ならば，断熱変化では $x$ が一定だから

$$T_2 = \frac{B_2}{B_1}T_1$$

に温度が低下する．この方法は断熱消磁冷却と呼ばれ極低温を作り出すために重要だ．

## 7 章の発展問題

### 24-1.

定積熱容量（比熱）が負ならば，熱を加えると温度が下がることになる[9]．

---

[9] 星では，重力で束縛されているため，エネルギーを失って収縮すると密度と温度が上昇することが起こるが，一様な系ではこのようなことはない．

圧縮率が負ならば，体積が小さくなると圧力が下がるので収縮が止まらない．逆に体積が増えると圧力が上がるので膨張が止まらない．

**25-1.**
(a) 臨界点は，$P(T,V)$ の $V$ の関数としての極大値と極小値が一致する点だから，$V_\text{c}$ は

$$\left(\frac{\partial P}{\partial V}\right)_T = 0, \qquad \left(\frac{\partial^2 P}{\partial V^2}\right)_T = 0$$

の条件で決まる．ファンデルワールスの状態方程式を使って計算すると

$$-\frac{Nk_\text{B}T_\text{c}}{(V_\text{c}-Nb)^2} + 2a\frac{N^2}{V_\text{c}^3} = 0, \qquad 2\frac{Nk_\text{B}T_\text{c}}{(V_\text{c}-Nb)^3} - 6a\frac{N^2}{V_\text{c}^4} = 0.$$

両式を 2 項の等式の形にして，両式の比をとると $V_\text{c} - Nb = \frac{2}{3}V_\text{c}$．よって

$$V_\text{c} = 3Nb.$$

上の式に代入して[10]，

$$T_\text{c} = \frac{8a}{27k_\text{B}b}, \qquad P_\text{c} = \frac{a}{27b^2}.$$

(b) ファンデルワールスの状態方程式に $T = T_\text{c}t$, $P = P_\text{c}p$, $V = V_\text{c}v$ を代入して整理すると

$$\left(p + \frac{3}{v^2}\right)(3v-1) = 8t.$$

臨界点の値を単位に $T$, $P$, $V$ を測ると，物質固有のパラメタ $a$, $b$ によらない普遍的な形になる．

**25-2.**
　固液両相のエントロピー差と潜熱の関係は $L_\text{m} = T(S_{L_\text{m}} - S_\text{S})$ だから，1 kg の水を考えると式 (7.24) から[11]，

$$\frac{dT_\text{m}}{dP} = \frac{V_\text{L}-V_\text{S}}{S_\text{L}-S_\text{S}}$$
$$= \frac{T(\rho_\text{L}^{-1}-\rho_\text{S}^{-1})}{L_\text{m}}$$

---

[10] この臨界温度とジュール-トムソン効果の逆転温度（例題 22-1）の関係は $T_\text{c} = \frac{4}{27}T_\text{i}$．
[11] J/m$^3$ = Pa

$$= \frac{273 \text{ K} \times (0.9998^{-1} - 0.9167^{-1}) \times 10^{-3} \text{ m}^3/\text{kg}}{3.34 \times 10^5 \text{ J/kg}}$$
$$= -7.43 \times 10^{-8} \text{ K/Pa}.$$

1 気圧 (約 $10^5$ Pa) だけ気圧が上がると 0.007 K ほど融点が下がる[12].

**25-3.**

$L = Nq = T(S_\text{G} - S_\text{L})$ より，この条件で蒸気圧の変化を決める式は，
$$\frac{dP_\text{eq}}{dT} \approx \frac{Nl_\text{v}}{TV_\text{G}} = \frac{Nl_\text{v}}{T}\frac{P_\text{eq}}{Nk_\text{B}T} = \frac{l_\text{v}}{k_\text{B}}\frac{P_\text{eq}}{T^2}.$$
ここで体積を理想気体の状態方程式で近似して温度と圧力で表した．これを積分して
$$P_\text{eq} = P_\text{eq}^0 \exp\left[\frac{l_\text{v}}{k_\text{B}}\left(\frac{1}{T_0} - \frac{1}{T}\right)\right].$$
図 1.2 の気相と液相の境界が飽和蒸気圧曲線で，この形をしている．$e^{-\Delta E/k_\text{B}T}$ という形の温度依存性は熱によって活性化されるときによく現れる．今の場合エネルギー $\Delta E = l_\text{v}$ をたまたま得た分子が液相から気相に飛び出してくることを反映している．

**25-4.**

100℃ での飽和蒸気圧が 1 気圧ということを意味する．蒸発熱を定数とみなして前問の結果を使う．$T_0 = 373$ K，$P_0 = 10^5$ Pa，$T = 273$ K とする．1 モルあたりで計算すると水の分子量は 18 だから
$$\frac{l_\text{v}}{k_\text{B}} = \frac{N_\text{A}l_\text{v}}{N_\text{A}k_\text{B}} = \frac{2300 \text{ J/g} \times 18 \text{ g}}{8.31 \text{ J/K}} = 4.98 \times 10^3 \text{ K}.$$
よって
$$P = 1.013 \times 10^5 \text{ Pa} \exp\left[4.98 \times 10^3 \text{ K}\left(\frac{1}{373 \text{ K}} - \frac{1}{273 \text{ K}}\right)\right]$$
$$= 80 \text{ Pa}.$$
正しい値は $6 \times 10^2$ Pa ほどである．

---

[12] 通常の物質では $\rho_\text{S} > \rho_\text{L}$ なので．加圧によって融点が下がるのは水の異常な物性だ．

**26-1.**

(1) と (2) の両相の化学ポテンシャルが等しいから，両相のギブス自由エネルギーは等しい．
$$G^{(1)}(T,P) = G^{(2)}(T,P).$$
これから
$$H^{(1)} - TS^{(1)} = H^{(2)} - TS^{(2)}.$$
相変化の際に加えられた熱量 $\Delta Q$，つまり潜熱は
$$L = \Delta Q = T(S^{(2)} - S^{(1)}) = H^{(2)} - H^{(1)}$$
となるのでエンタルピーの差に等しい．

**26-2.**

(a) この系のグランドポテンシャルは
$$\Omega = -P_\mathrm{L} V_\mathrm{L} - P_\mathrm{G} V_\mathrm{G} + \alpha A.$$
液滴球の半径 $R$ は $\Omega$ を最小にするように決まるから，$V_\mathrm{L} = \frac{4\pi}{3}R^3$, $V_\mathrm{G} = V - V_\mathrm{L}$, $A = 4\pi R^2$ を使って

$$\left(\frac{\partial \Omega}{\partial R}\right)_{T,\mu} = -P_\mathrm{L} 4\pi R^2 + P_\mathrm{G} 4\pi R^2 + \alpha 8\pi R = 0.$$

よって
$$P_\mathrm{L} = P_\mathrm{G} + \frac{2\alpha}{R}.$$
液滴内部の圧力は表面張力の効果で気相よりも大きくなる．

(b) エントロピーは表面のグランドポテンシャルを使って
$$S_\mathrm{s} = -\left(\frac{\partial \Omega_\mathrm{s}}{\partial T}\right)_{A,\mu} = -\frac{d\alpha}{dT}A.$$
界面の粒子数 $N_\mathrm{s}$ が零なのでギブス自由エネルギーは零となり，ヘルムホルツ自由エネルギーは
$$F_\mathrm{s} = \Omega_\mathrm{s} + N_\mathrm{s}\mu = \Omega_\mathrm{s} = \alpha A.$$
エネルギーは

$$E_{\rm s} = F_{\rm s} + TS_{\rm s} = \left(\alpha - T\frac{d\alpha}{dT}\right)A.$$

**27-1.**

(a) グランドポテンシャルとギブス自由エネルギー $G = N\mu = 0$ がわかっているから，ヘルムホルツ自由エネルギーは

$$F = G - PV = 0 - \frac{1}{3}AT^4V = -\frac{1}{3}AT^4V.$$

(b) これからエントロピーと熱容量は

$$S = -\left(\frac{\partial F}{\partial T}\right)_V = \frac{4}{3}AT^3V,$$

$$C_V = T\left(\frac{\partial S}{\partial T}\right)_V = 4AT^3V.$$

$S$ は例題 16 と同じであり，熱容量は $C_V = \left(\frac{\partial E}{\partial T}\right)_V$ を使ってもよい.

(c) 断熱膨張では $VT^3 = $ 一定.

**8 章の発展問題**

**28-1.**

例題の気体の代わりに固体（S で示す）を考え，同様の方法で，圧力を定めて温度の関係を調べる．平衡条件は

$$\mu_{\rm S}(T_{\rm eq}^0, P) = \mu_{\rm L}^0(T_{\rm eq}^0, P),$$

$$\mu_{\rm S}(T_{\rm eq}, P) - k_{\rm B}T_{\rm eq}kx_2 = \mu_{\rm L}^0(T_{\rm eq}, P) - k_{\rm B}T_{\rm eq}x_2.$$

両式の差をとると，化学ポテンシャルの変化 $d\mu = -sdT$ より

$$-s_{\rm S}(T_{\rm eq} - T_{\rm eq}^0) = -s_{\rm L}(T_{\rm eq} - T_{\rm eq}^0) - k_{\rm B}T_{\rm eq}^0(1-k)x_2.$$

ここで右辺の第 2 項では $T_{\rm eq}$ を $T_{\rm eq}^0$ で近似した．1 分子あたりの融解の潜熱 $l_{\rm m} = T_{\rm eq}^0(s_{\rm L} - s_{\rm S})$ を使うと

$$T_{\rm eq} = T_{\rm eq}^0 - \frac{k_{\rm B}(T_{\rm eq}^0)^2}{l_{\rm m}}(1-k)x_2$$

固体の中に溶質が融けこみにくい場合 ($k < 1$) には溶液中の溶質濃度に比例して融点が下がる[13].

---

[13] 凝固点降下に関するヴァントホッフ (van't Hoff) の法則

## 28-2.

それぞれの重量から，この食塩の水溶液は水 10 mol, NaCl が 0.1 mol からなり，食塩濃度は $x \approx 0.01$ である．ただし食塩は Na$^+$ と Cl$^-$ に解離するので，0.2 mol の分子と同じ効果がある．例題と前問の結果から蒸気圧降下は

$$\Delta P_{\mathrm{eq}} \approx P^0_{\mathrm{eq}} 2x = 23\,\mathrm{hPa} \times 0.02 = 0.46\,\mathrm{hPa}.$$

凝固点降下は，アヴォガドロ数 $N_{\mathrm{A}}$ かけて 1 モルあたりにして計算すると，$k = 0$ だから

$$\begin{aligned}\Delta T_{\mathrm{m}} &= -\frac{N_{\mathrm{A}} k_{\mathrm{B}} (T^0_{\mathrm{eq}})^2}{N_{\mathrm{A}} l_{\mathrm{m}}} 2x \\ &= -\frac{8.31\,\mathrm{J/(mol\,K)} \times (273\,\mathrm{K})^2}{18\,\mathrm{g/mol} \times 334\,\mathrm{J/g}} \times 0.02 = 2\,\mathrm{K}.\end{aligned}$$

## 29-1.

式 (8.9) に式 (8.6) を代入して

$$a\left(\mu^0_{\mathrm{A}}(T,P) + k_{\mathrm{B}} T \ln x_{\mathrm{A}}\right) + b\left(\mu^0_{\mathrm{B}}(T,P) + k_{\mathrm{B}} T \ln x_{\mathrm{B}}\right).$$
$$-c\left(\mu^0_{\mathrm{C}}(T,P) + k_{\mathrm{B}} T \ln x_{\mathrm{C}}\right) - d\left(\mu^0_{\mathrm{D}}(T,P) + k_{\mathrm{B}} T \ln x_{\mathrm{D}}\right) = 0.$$

これから

$$a\mu^0_{\mathrm{A}} + b\mu^0_{\mathrm{B}} - c\mu^0_{\mathrm{C}} - d\mu^0_{\mathrm{D}} = k_{\mathrm{B}} T \ln \frac{x^c_{\mathrm{C}} x^d_{\mathrm{D}}}{x^a_{\mathrm{A}} x^b_{\mathrm{B}}}.$$

対数を外せば式 (8.12) を得る．

## 29-2.

反応式は

$$a_1 \mathrm{A}_1 + a_2 \mathrm{A}_2 + \cdots + a_n \mathrm{A}_n \rightleftharpoons b_1 \mathrm{B}_1 + b_2 \mathrm{B}_2 + \cdots + b_m \mathrm{B}_m.$$

化学平衡の条件は

$$a_1 \mu_{\mathrm{A}_1} + a_2 \mu_{\mathrm{A}_2} + \cdots + a_n \mu_{\mathrm{A}_n} = b_1 \mu_{\mathrm{B}_1} + b_2 \mu_{\mathrm{B}_2} + \cdots + b_m \mu_{\mathrm{B}_m}.$$

である．それぞれの成分の組成比に対して

$$\frac{x_{B_1}^{b_1} x_{B_2}^{b_2} \cdots x_{B_m}^{b_m}}{x_{A_1}^{a_1} x_{A_2}^{a_2} \cdots x_{A_n}^{a_n}} = \exp\left(-\frac{\sum_{i=1}^{m} b_i \mu_{B_i}^0 - \sum_{j=1}^{n} a_j \mu_{A_j}^0}{k_B T}\right)$$

である.

**29-3.**

前問の結果に理想気体の化学ポテンシャルの式（発展問題 19-2 参照）$\mu^0 = \epsilon^0 - c_P T \ln T + k_B T \ln P - k_B T \zeta$ を代入して

$$\ln \frac{x_C^c x_D^d}{x_A^a x_B^b} = \frac{a\epsilon_A^0 + b\epsilon_B^0 - c\epsilon_C^0 - d\epsilon_D^0}{k_B T} - \frac{ac_{PA} + bc_{PB} - cc_{PC} - dc_{PD}}{k_B} \ln T$$
$$+ (a + b - c - d) \ln P - a\zeta_A - b\zeta_B + c\zeta_C + d\zeta_D.$$

$\ln P$ の項を左辺に移し，気体の分圧が $P_i = Px_i$ であることに注意して，両辺の指数関数をとると

$$\frac{P_C^c P_D^d}{P_A^a P_B^b} = \exp\left(\frac{a\epsilon_A^0 + b\epsilon_B^0 - c\epsilon_C^0 - d\epsilon_D^0}{k_B T}\right) T^{\frac{-ac_{PA} - bc_{PB} + cc_{PC} + dc_{PD}}{k_B}}$$
$$\times e^{-a\zeta_A - b\zeta_B + c\zeta_C + d\zeta_D}$$
$$\equiv K_P(T).$$

ここで $c_P$ は $k_B$ の分数倍なので，温度の指数はただの分数である.

**29-4.**

(a) 成分数 $K = 2$，相の数 $I = 2$ だから自由度は $f = K - I + 2 = 2$. よって温度と圧力を独立に変えられる.

(b) 水素の平衡条件を考えると $H_2 \rightleftharpoons 2H$ より $\mu_{H_2} = 2\mu_H$. 気体の化学ポテンシャルは $\mu = k_B T \ln P + $ (温度の関数)，固体中の化学ポテンシャルは $\mu = k_B T \ln c_H + $ (温度の関数) と書けるから $\ln P = 2 \ln c_H + $ (温度の関数). つまり

$$c_H \propto \sqrt{P}.$$

金属中に溶け込む水素の量は圧力の平方根に比例する.

**30-1.**

(a) ルシャトリエの原理により外界から加えた変化を抑える方向に反応は進

む．圧力を上げると分子数の少ない反応式の右辺に，温度を上げると $NH_3$ ができるのは発熱反応だから，熱を吸収する左辺に進む[14]．よって平衡でのアンモニアの量は高圧，低温の方が増える．

(b)
$$\frac{P_{NH_3}^2}{P_{H_2}^3 P_{N_2}} = \exp\left(\frac{\epsilon_{N_2}^0 + 3\epsilon_{H_2}^0 - 2\epsilon_{NH_3}^0}{k_B T}\right) T^{\frac{-c_{PN_2} - 3c_{PH_2} + 2c_{PNH_3}}{k_B}}$$
$$\times e^{-\zeta_{N_2} - 3\zeta_{H_2} + 2\zeta_{NH_3}} \equiv K_P(T).$$

(c) アンモニアの割合 $x_{NH_3}$ を使って左辺を書くと，$x_{N_2} = \frac{1}{4}(1 - x_{NH_3})$, $x_{H_2} = \frac{3}{4}(1 - x_{NH_3})$ だから

$$\frac{(Px_{NH_3})^2}{P\frac{1}{4}(1-x_{NH_3})\left(P\frac{3}{4}(1-x_{NH_3})\right)^3} = \frac{1}{P^2}\frac{256}{27}\frac{x_{NH_3}^2}{(1-x_{NH_3})^4}.$$

よって
$$\frac{x_{NH_3}^2}{(1-x_{NH_3})^4} = 1.5 \times 10^{-15}\,\text{Pa}^{-2} \times \frac{27}{256} \times (P[\text{Pa}])^2$$
$$= 1.6 \times 10^{-16}\,\text{Pa}^{-2} \times (P[\text{Pa}])^2.$$

1気圧 $10^5$ Pa では
$$\frac{x_{NH_3}^2}{(1-x_{NH_3})^4} = 1.6 \times 10^{-6}.$$

この式から $x_{NH_3} \ll 1$ がわかるから分母の $x_{NH_3}$ を無視して
$$x_{NH_3} = \sqrt{1.6 \times 10^{-6}} = 1.3 \times 10^{-3}.$$

アンモニアはわずか 0.1 パーセントにすぎない．

(d) $20\,\text{MPa} = 2 \times 10^7\,\text{Pa}$ では
$$\frac{x_{NH_3}^2}{(1-x_{NH_3})^4} = 1.6 \times 10^{-16}\,\text{Pa}^{-2} \times 4 \times 10^{14}\,\text{Pa}^2 = 0.064.$$

2次方程式 $x_{NH_3} = 0.25(1 - x_{NH_3})^2$ を解いて，$x_{NH_3} = 0.17$ が得られる．200気圧にすれば 17 パーセントがアンモニアになる．

---
[14] しかしアンモニアの合成は高温で行われる．これは反応速度を上げるためである．

# 索 引

## 【あ】
アヴォガドロ定数 ............ 1, 26
圧力 ............................. 6
アンモニア ..................... 128
一様 ................. 40, 56, 119
宇宙背景輻射 .................... 79
液体 ... 3, 35, 98, 108, 110, 113, 115
エネルギー ................. 69, 83
エネルギー保存の法則 ....... 9, 50
エンタルピー ... 83, 84, 89, 100, 115
エントロピー
　　　 ...... 51, 65, 67, 69, 77, 102, 105
エントロピー増大の法則 ..... 67, 85
温度 ........................ 2, 41

## 【か】
界面 ............................ 115
化学定数 ............ 126, 127, 148
化学反応 .................. 119, 126
化学平衡 ............ 119, 126, 158
化学ポテンシャル
　　　 ...... 104, 106, 120, 121, 123, 125
可逆過程 ............ 43, 52, 54, 64
可逆変化 .................... 42, 92
活動度 .......................... 123
活量 ............................ 123
過程 ............................. 43

可動壁 ........................... 41
ガラス ............................ 2
カルノー機関 ...... 52, 55, 63, 78
カルノー機関の効率 .............. 56
カルノーサイクル
　　　 ........... 52, 53, 55, 63, 65, 78
カルノーの原理 .................. 55
カロリー ......................... 4
完全な熱力学関数 ................ 83
気圧 ............................. 7
気化熱 ....................... 6, 16
気体定数 ............ 26, 49, 131
ギブス自由エネルギー
　　　 ............. 83, 85, 106, 119
ギブス-デュエムの関係 ........ 106
ギブスの相律 .................. 121
逆転温度 .................. 151, 154
凝結 ............................. 3
凝固 ............................. 3
凝固点 ....................... 3, 124
凝固点降下 ..................... 158
凝固熱 ........................... 6
凝縮 ............................. 3
巨視的状態 ...................... 68
巨視的な物理量 .................. 42
クラウジウス-クラペイロンの式
　　　 ..................... 108, 112

クラウジウスの原理............55
グランドポテンシャル
　..................107, 115, 116
系........................40
結晶化......................3
ケルヴィン...................2
原子量....................13
高階微分..................23
光子..................77, 116
固化......................3
黒体輻射..............77, 116
固体......................2
固定壁..................41
ゴム....................102
孤立系..............40, 105
混合エントロピー..70, 75, 118, 119
混合気体................118
混合気体の化学ポテンシャル....119
混合理想気体..........30, 126

## 【さ】

最少仕事..................86
最大仕事..............86, 92
作業物質..............52, 65
サハの電離式............127
三重点..............4, 122
三態....................2, 14
磁化率..................103
磁気モーメント..........103
示強変数........42, 88, 121, 125
仕事..................11, 50

磁性体..................88
実在気体..........7, 28, 29, 38
質量作用の法則..........120, 125
シャルルの法則.............7
自由膨張..........29, 47, 72, 99
重力加速度................35
ジュール..................4
ジュール-トムソン係数....100, 101
ジュールの実験..........11
シュテファン-ボルツマン定数....77
循環過程............52, 66
準静的断熱膨張..........49
準静的変化..........42, 51
昇華......................3
昇華熱..................112
蒸気圧降下..............124
常磁性体................103
状態図....................4
状態方程式...22, 26, 30, 43, 51, 98
状態量......51, 59, 67, 68, 83, 140
蒸発......................3
蒸発熱............6, 14, 112
示量変数..........42, 88, 125
水素................126, 128
ゼーマンエネルギー..........103
積分因子............31, 140
絶対温度..........2, 7, 26, 28, 56
絶対零度................69
潜熱......6, 14, 16, 112, 115, 124
全微分......24, 52, 59, 67, 78, 82
相........................3

相境界 .................... 108
相図 ...................... 3
相転移 .................... 110
組成比 .................... 119

## 【た】

第 1 種永久機関 ............. 52
大気圧 .................... 35
帯磁率 .................... 103
第 2 種永久機関 ............. 55
対流 ...................... 5
多原子分子 ................. 28
多成分系 .................. 118
単原子分子 ............. 27, 45
単原子分子理想気体 .. 43, 53, 57, 80
断熱圧縮 .................. 45
断熱圧縮率 ........... 96, 107
断熱過程 ............. 53, 66
断熱系 .................... 40
断熱消磁冷却 ............. 153
断熱変化 ............. 10, 43
断熱膨張 ............. 44, 92
定圧系 .................... 40
定圧熱容量 ..... 27, 29, 90, 94, 97
定圧比熱 .................. 14
定圧変化 ........... 10, 29, 43
定積系 .................... 40
定積熱容量 ..... 27, 28, 94, 95, 107
定積変化 ......... 10, 28, 43
デュロン-プティの法則 ........ 131
電子 ..................... 126

断熱壁 .................... 41
電離度 ................... 126
等温圧縮 .................. 44
等温圧縮率 ........... 96, 107
等温過程 ............. 53, 66
等温系 .................... 40
等温変化 ............. 10, 43
等温膨張 ......... 29, 43, 93
透過性の壁 ................ 41
統計力学 ......... 21, 68, 127
透熱壁 .................... 41
等方 ...................... 40
閉じた系 .................. 40
トムソンの原理 ............. 55

## 【な】

内部エネルギー ........ 9, 50, 88
2 相共存 ......... 110, 113, 122
熱 ....................... 1
熱運動 .................... 1
熱機関 ............... 52, 56
熱機関の効率 ............... 54
熱伝導 .................... 4
熱平衡 ............. 4, 105, 107
熱平衡状態 ......... 41, 68, 107
熱膨張 .................... 9
熱膨張係数 ......... 9, 96, 99
熱容量 ................ 5, 94
熱浴 ............. 42, 51, 52, 107
熱力学関数 ................ 69
熱力学的安定性 .. 102, 107, 109, 111

熱力学的温度................56
熱力学的自由度..........121, 125
熱力学の第0法則............41
熱力学の第1法則....10, 19, 50, 67
熱力学の第3法則..........69, 94
熱力学の第2法則..........55, 68
熱力学ポテンシャル....83, 88, 104
熱量............4, 12, 14, 50, 131

## 【は】

パスカル......................7
パスカルの原理................6
非可逆過程................75, 84
微視的状態....................68
非透過性の壁..................41
比熱..................5, 13, 16
比熱比....................44, 49
微分形式..............24, 84, 86
表面張力係数.................115
開いた系.....................40
ファンデルワールスの状態方程式
............98, 99, 101, 110, 112
フェーン現象.................137
不可逆過程......29, 56, 68, 92, 100
不可逆変化................11, 42
沸点..........................3
沸騰..........................3
部分系...................41, 105
ブラウン運動.............2, 42
プラズマ.....................126
分圧..............30, 119, 120, 159

分子の回転.............8, 27, 28
分子の相互作用................8
分子の並進運動..........8, 28
平衡蒸気圧.............112, 123
平衡状態................84, 105
平衡定数...............120, 128
平衡分配係数................124
ベルヌイの関係式.............36
ヘルムホルツ自由エネルギー
..........83, 84, 113, 118, 146
偏微分...................22, 67
ポアソンの式.................49
ボイル-シャルルの法則....7, 17, 26
ボイルの法則..................7
放射..........................5
飽和蒸気圧.............112, 123
ボルツマン定数...............26
ボルツマンの測高公式......33, 49

## 【ま】

マイヤーの関係式.............29
マクスウェルの関係式......86, 153
マクスウェルの構成法........111
マクロな物理量...............42
モル.................1, 26, 42
モル比熱..................5, 13

## 【や】

ヤコビアン................87, 96
ヤコビの行列式...............87
融解.................3, 16, 112

融解熱 .............. 6, 14, 124, 157
融点 .................... 3, 112, 124
誘電体 ........................ 88
溶液 ......................... 125
陽子 ......................... 126

## 【ら】

ラウールの法則 ................ 124
理想気体
........ 8, 19, 21, 43, 49, 59, 92, 120
理想気体のエネルギー .... 28, 48, 71
理想気体のエントロピー
.................. 69, 71, 72, 92, 118
理想気体の化学ポテンシャル
...................... 123, 126, 159
理想気体のカルノーサイクル
............................. 53, 63
理想気体のギブス自由エネルギー
................................. 95
理想気体の状態方程式 ....... 36, 73
理想気体のヘルムホルツ自由エネルギー ........................... 95
理想溶液 ..................... 123
流体 ....................... 3, 40
量子効果 ...................... 69
量子力学 .................. 69, 127
臨界点 .................... 4, 112
ルシャトリエの原理 ....... 121, 159
ルジャンドル変換 ... 81, 83, 88, 106

# MEMO

# MEMO

# MEMO

## 著者紹介

**上羽牧夫**（うわは まきお）

- 1980年 名古屋大学大学院理学研究科
  博士課程修了（理学博士）
- 1982年 ラウエ・ランジュヴァン研究所研究員
- 1985年 東北大学金属材料研究所助手
- 1992年 名古屋大学教養部助教授
- 1993年 名古屋大学理学部助教授
- 2007年 名古屋大学大学院理学研究科教授
- 2016年 愛知工業大学基礎教育センター教授
- 専　門　物性理論，結晶成長理論
- 著　書　「シリーズ：結晶成長のダイナミクス 2 結晶成長のしくみを探る」(2002年，共立出版)，「非線形科学シリーズ 3 結晶成長のダイナミクスとパターン形成」(2008年，培風館) ほか．

---

| | |
|---|---|
| フロー式 物理演習シリーズ7 | 著　者　上羽牧夫 © 2016 |
| 高校で物理を履修しなかった人のための<br>**熱力学**<br>*Thermodynamics*<br>*Starting from High School Physics*<br>2016年8月15日　初版1刷発行 | 監　修　須藤彰三<br>　　　　岡　真<br>発行者　南條光章<br>発行所　共立出版株式会社<br>東京都文京区小日向 4-6-19<br>電話　03-3947-2511（代表）<br>郵便番号　112-0006<br>振替口座　00110-2-57035<br>URL http://www.kyoritsu-pub.co.jp/ |
| | 印　刷　大日本法令印刷 |
| | 製　本　協栄製本 |
| 検印廃止<br>NDC 426.5<br>ISBN 978-4-320-03506-5 |  一般社団法人<br>自然科学書協会<br>会員<br>Printed in Japan |

---

**JCOPY** <出版者著作権管理機構委託出版物>

本書の無断複製は著作権法上での例外を除き禁じられています．複製される場合は，そのつど事前に，出版者著作権管理機構（TEL：03-3513-6969，FAX：03-3513-6979，e-mail：info@jcopy.or.jp）の許諾を得てください．

須藤彰三・岡 真［監修］

本シリーズは大学初年度で学ぶ程度の物理の知識をもとに，基本法則から始めて，物理概念の発展を追いながら最新の研究成果を読み解きます．それぞれのテーマは研究成果が生まれる現場に立ち会って，新しい概念を創りだした最前線の研究者が丁寧に解説します．

【各巻：A5判・並製】

## ❶ スピン流とトポロジカル絶縁体 量子物性とスピントロニクスの発展
齊藤英治・村上修一著　スピン流／スピン流の物性現象／スピンホール効果と逆スピンホール効果／ゲージ場とベリー曲率／他・・・・・・・・・・・172頁・本体2,000円（税別）

## ❷ マルチフェロイクス 物質中の電磁気学の新展開
有馬孝尚著　マルチフェロイクスの面白さ／マクスウェル方程式と電気磁気効果／物質中の磁気双極子／電気磁気効果の熱・統計力学／他・・・・160頁・本体2,000円（税別）

## ❸ クォーク・グルーオン・プラズマの物理 実験室で再現する宇宙の始まり
秋葉康之著　宇宙初期の超高温物質を作る／クォークとグルーオン／相対論的運動学と散乱断面積／クォークとグルーオン間の力学／他・・・・・196頁・本体2,000円（税別）

## ❹ 大規模構造の宇宙論 宇宙に生まれた絶妙な多様性
松原隆彦著　はじめに／一様等方宇宙／密度ゆらぎの進化／密度ゆらぎの統計と観測量／大規模構造と非線形摂動論／統合摂動論の応用／他・・・194頁・本体2,000円（税別）

## ❺ フラーレン・ナノチューブ・グラフェンの科学 ナノカーボンの世界
齋藤理一郎著　ナノカーボンの世界／ナノカーボンの発見／ナノカーボンの形／ナノカーボンの合成／ナノカーボンの応用／他・・・・・・・・・・・180頁・本体2,000円（税別）

## ❻ 惑星形成の物理 太陽系と系外惑星系の形成論入門
井田 茂・中本泰史著　系外惑星と「惑星分布生成モデル」／惑星系の物理の特徴／惑星形成プロセス／惑星分布生成モデル／他・・・・・・・・142頁・本体2,000円（税別）

## ❼ LHCの物理 ヒッグス粒子発見とその後の展開
浅井祥仁著　物質の根源と宇宙誕生の謎／素粒子の基礎原理／ヒッグス粒子とは／LHC加速器と陽子の構造／検出器／ヒッグス粒子をとらえる／他 136頁・本体2,000円（税別）

## ❽ 不安定核の物理 中性子ハロー・魔法数異常から中性子星まで
中村隆司著　はじめに：原子核，不安定核，そして宇宙／原子核の限界／不安定核を作る／中性子ハロー／不安定核の殻進化／他・・・・・・・194頁・本体2,000円（税別）

## ❾ ニュートリノ物理 ニュートリノで探る素粒子と宇宙
中家 剛著　素粒子物理とニュートリノ／ニュートリノ質量／自然ニュートリノ観測／人工ニュートリノ実験／ニュートリノ測定器／他・・・・・・98頁・本体2,000円（税別）

＊＊＊＊＊＊＊＊＊＊＊＊＊＊＊＊＊＊以下続刊＊＊＊＊＊＊＊＊＊＊＊＊＊＊＊＊＊＊

（価格は変更される場合がございます）

共立出版　http://www.kyoritsu-pub.co.jp/

https://www.facebook.com/kyoritsu.pub